INVENTIONS

MODERNES

PHYSIQUE

Par C. LETELLIER

ROUEN
MÉGARD ET Cie, LIBRAIRES-EDITEURS
1875

BIBLIOTHÈQUE MORALE

DE

LA JEUNESSE

PUBLIÉE

AVEC APPROBATION

1re SÉRIE IN-8°

LABORATOIRE DE PHYSIQUE.

(*Inventions modernes.*)

APPROBATION.

Les Ouvrages composant la **Bibliothèque morale de la Jeunesse** ont été revus et ADMIS par un Comité d'Ecclésiastiques nommé par SON ÉMINENCE MONSEIGNEUR LE CARDINAL-ARCHEVÊQUE DE ROUEN.

Avis des Éditeurs.

Les Éditeurs de la **Bibliothèque morale de la Jeunesse** ont pris tout à fait au sérieux le titre qu'ils ont choisi pour le donner à cette collection de bons livres. Ils regardent comme une obligation rigoureuse de ne rien négliger pour le justifier dans toute sa signification et toute son étendue.

Aucun livre ne sortira de leurs presses, pour entrer dans cette collection, qu'il n'ait été au préalable lu et examiné attentivement, non-seulement par les Éditeurs, mais encore par les personnes les plus compétentes et les plus éclairées. Pour cet examen, ils auront recours particulièrement à des Ecclésiastiques. C'est à eux, avant tout, qu'est confié le salut de l'Enfance, et, plus que qui que ce soit, ils sont capables de découvrir ce qui, le moins du monde, pourrait offrir quelque danger dans les publications destinées spécialement à la Jeunesse chrétienne.

Aussi tous les Ouvrages composant la **Bibliothèque morale de la Jeunesse** sont-ils revus et approuvés par un Comité d'Ecclésiastiques nommé à cet effet par SON ÉMINENCE MONSEIGNEUR LE CARDINAL-ARCHEVÊQUE DE ROUEN. C'est assez dire que les écoles et les familles chrétiennes trouveront dans notre collection toutes les garanties désirables, et que nous ferons tout pour justifier et accroître la confiance dont elle est déjà l'objet.

INVENTIONS MODERNES.

I.

Ce qui distingue la Physique de la Chimie. — Propriétés générales et particulières des Corps. — Balance. — Pendule. — Hydrostatique. — Hydrodynamique. — Presse hydraulique. — Puits artésiens. — Pression atmosphérique. — Baromètres. — Aérostats.

L'étude des sciences était autrefois le partage exclusif d'un petit nombre d'hommes ; on ne songeait guère à donner à la jeunesse les plus simples notions de la physique, de la chimie, de l'histoire naturelle. Il n'en est plus de même aujourd'hui ; le domaine des sciences a cessé d'être inaccessible, et, grâce au soin qu'ont pris des auteurs de talent de mettre les grandes découvertes des derniers siècles à la portée des jeunes intelligences, on peut s'instruire en s'amusant. Le désir de savoir se répand d'ailleurs de plus en plus, et ce serait presque une honte d'ignorer les lois principales des phénomènes de la nature ou les merveilles de la vapeur et de l'électricité.

Les maîtres habiles savent proposer comme une récréation pleine d'intérêt l'étude de ces belles inventions, et les diverses applications de la chimie et de la physique aux arts et à l'industrie.

M. Raymond, qui avait fait de l'instruction de ses fils sa plus chère occupation, les initia d'abord aux premiers éléments de la chimie, et fit de leurs leçons un vrai plaisir, en leur permettant d'essayer sous ses yeux quelques expériences inoffensives. Il ne réussit pas sans doute à en faire des chimistes : son ambition n'allait pas si loin ; mais il leur inspira le goût de cette étude si utile. Quand il leur eut dit que la physique en est le complément obligé, ils le prièrent instamment de ne pas laisser sa tâche inachevée.

Le laboratoire de chimie fut aisément transformé en cabinet de physique, muni d'une machine électrique, de différentes piles et d'instruments nécessaires aux expériences annoncées.

Pendant la journée qui précéda la première leçon, plusieurs caisses furent amenées de Paris à la campagne de Saint-Mandé qu'habitait la famille Raymond. Ces envois excitèrent vivement la curiosité des jeunes gens. Le soir venu, le bon père introduisit ses trois fils dans le laboratoire brillamment éclairé, et il se sentit heureux de leur surprise et de leur joie.

— C'est donc fête aujourd'hui chez toi, père? dit Jules, le plus jeune des trois frères.

— Oui, mon ami, c'est fête, puisque j'y reçois des enfants pleins de courage et de bonne volonté.

— Que dis-tu donc, papa? interrompit Emile. Tes leçons nous plaisent tant, que nous n'avons nul besoin de courage pour y apporter toute notre attention.

— Emile a raison, père, ajouta Victor, et je crois que nous ne pouvons trop remercier Dieu de nous avoir donné un si savant et si bon professeur.

— Oui, c'est un bonheur inappréciable de pouvoir s'instruire sans quitter la maison paternelle, reprit Emile.

— Et de devoir tout à son père, ajouta Jules, la vie de l'intelligence aussi bien que celle du corps.

— Et celle du cœur, dit Victor avec émotion. Que de bons principes, que de sages conseils, que de vertueux exemples nous sont donnés chaque jour ! Va, père, sois tranquille, nous en profiterons, et tu auras un jour la joie de nous voir marcher sur tes traces.

— Oui, papa, dit Jules, nous serons d'honnêtes gens, des hommes utiles, et nous ferons pour tes petits-enfants ce que tu fais aujourd'hui pour nous.

— Bien ! mes amis, répondit M. Raymond en leur tendant les mains. Vous tiendrez cette promesse, j'en suis sûr ; car je sais tout ce que je puis attendre de votre affection et de votre reconnaissance. Je serai donc largement récompensé, puisque je serai la souche d'une lignée d'hommes de bien, qui en élèveront d'autres à leur tour dans la crainte de Dieu et l'amour du travail.

Et maintenant, mes bons amis, commençons notre petit cours de physique. Il vous offrira, je l'espère, encore plus d'agréables distractions que notre cours de chimie.

— Il me semble pourtant, papa, que la physique est une science au-dessus de notre portée, dit Jules.

— Tu verras, mon enfant, que cette science, si souvent inintelligible, à cause des formules dont elle est hérissée, est tout aussi pratique que la chimie, et qu'il n'y a pas de phénomènes généraux dont elle ne puisse donner l'explication.

— De quoi donc, cher papa, s'occupe la physique? demanda Emile. J'en ai bien une idée, mais si confuse, qu'il me serait impossible de l'exprimer.

— Vous savez, dit M. Raymond, que la chimie a pour objet l'étude des changements qui s'opèrent dans les corps, lorsqu'on les met en contact les uns avec les autres. La physique s'occupe des propriétés générales des corps et de l'action qu'exercent sur eux les agents naturels, tels que la chaleur, la lumière, l'électricité, le magnétisme, sans qu'il y ait pour cela changement dans la nature de ces corps ou dans leurs propriétés.

— Je t'avoue, père, que je ne comprends pas

bien la différence qui existe entre ces deux sciences.

— Cela n'a rien d'étonnant; car la physique et la chimie ont entre elles tant de rapports, qu'il n'est pas toujours facile d'indiquer d'une manière positive les limites de chacune de ces sciences.

Cependant, je vais tâcher de vous faire comprendre par un exemple quels faits sont du ressort de la chimie, et quels autres appartiennent à la physique.

Si je prends de l'acide sulfurique, et si je le mets sur du zinc en grenaille, l'acide sulfurique disparaît, et le zinc, sous son influence, se convertit en un composé participant de la nature des deux autres radicaux. Le radical soufre se combine avec le métal zinc oxydé, et il en résulte un sel formant une pyramide à quatre pans, qu'on appelle sulfate de zinc. L'acide sulfurique est un corrosif d'une grande activité ; on n'en peut mettre sur la peau sans qu'elle soit corrodée; le zinc est absolument inerte et dépourvu de saveur. Le sulfate de zinc s'emploie comme un vomitif et comme un astringent; en changeant de nature, il a changé de propriété. Voilà de la chimie.

Je prends un cheveu, j'en fixe une extrémité,

et je charge l'autre d'un petit poids après l'avoir enroulé sur une poulie. Quand le temps est pur, il se raccourcit, et il s'allonge quand l'air est chargé d'humidité. Ce cheveu est un *hygromètre*, instrument destiné à mesurer la quantité d'humidité dont l'air est saturé. Il n'y a eu, dans le corps auquel s'applique l'action de l'eau répandue dans l'atmosphère sous forme de vapeur, aucun changement de propriété ni de nature. C'est là de la physique.

Je mets du mercure dans un tube vide d'air, et j'en plonge le bout ouvert dans une cuvette. Le mercure, sensible à la dilatation de l'air, monte ou s'abaisse, et jamais il ne s'élève au delà de 76 centimètres. C'est le baromètre. Voilà encore de la physique. Comprenez-vous maintenant ?

— Oui, oui, dit Emile ; chaque fois qu'il se manifeste une action produite sur un corps par un.... un..., je ne puis trouver le nom.

— Un agent quelconque.

— C'est cela, un agent quelconque, sans qu'il y ait aucun changement dans la nature du corps modifié ou dans ses propriétés, c'est de la physique.

— Je comprends : les pompes agissent sous l'influence de la pression de l'air, et c'est un phénomène physique. Est-ce cela, père? demanda Victor.

— C'est bien cela.

— La boussole, avec sa petite aiguille aimantée, obéit à l'influence du magnétisme; c'est de la physique, ajouta Jules.

— Fort bien; vous êtes aussi savants que Biot ou Pouillet.

— Tu te moques de nous, papa.

— Vous comprenez, c'est là l'essentiel. Puisque vous savez aussi bien que moi ce que c'est que la physique, nous allons passer en revue les propriétés générales des corps.

Disons d'abord ce qu'on entend par un corps. C'est ce qui occupe un espace et tombe sous nos sens. Corps est, dans ce cas, synonyme de matière. Les corps sont composés, comme je vous l'ai dit en vous parlant de la chimie, de petites particules matérielles qu'on appelle *atomes*. Vous savez que les corps affectent trois états.

— Les corps sont *solides*, *liquides* ou *gazeux*, dit Victor.

— C'est cela. Ils sont, disons-nous, entourés par l'espace ou l'immensité; on conçoit l'espace comme absolument vide.

Les corps sont sollicités par une puissance quelconque, soit celle qui tient leurs molécules unies, soit celle qui les attire ou les repousse, soit celle qui produit leur chute; cette puissance s'appelle *force*. La force qui préside à la chute des corps s'appelle *gravitation*.

Le *repos* est l'état d'un corps qui ne quitte pas l'espace qu'il occupe; le *mouvement* est le déplacement d'un corps qui obéit à l'impulsion d'une force interne ou externe.

L'*inertie* est l'état d'un corps qui ne peut de lui-même avoir une impulsion.

On divise les propriétés des corps en deux classes : les unes sont générales, les autres particulières.

L'*étendue* est une propriété générale que son nom seul suffit à faire comprendre.

La *porosité* est la distance plus ou moins grande qui existe entre les molécules des corps; ainsi nous voyons certaines pierres, comme les pierres de liais, servir à fabriquer les filtres des fontaines et laisser suinter l'eau à travers leurs parois; c'est par suite de la porosité que les alcarrazas laissent échapper l'eau en gouttelettes et maintiennent, par l'évaporation, la fraîcheur de celle qu'ils renferment.

L'*impénétrabilité* est l'état réel de la matière, puisque la porosité n'est que l'intervalle qui existe entre les molécules qui la composent.

La *divisibilité* est une propriété sur laquelle j'appelle votre attention. Tous les corps sont divisibles à l'infini, si ce n'est par des moyens mécaniques, c'est au moins par la pensée; car il arrive un point où nous concevons la division d'une molécule sans pouvoir la réaliser. Pour vous donner une idée de la ténuité à laquelle arrivent certains corps, je vous citerai un fait très-curieux : c'est que les fils de platine peuvent être réduits à un diamètre de 1/1200 de millimètre, c'est-à-dire qu'un fil de soie, tel qu'il existe dans le cocon, est cent quarante fois plus gros. Un globule de sang, qui est composé lui-même d'un grand nombre de molécules, n'a pas 1/130 de millimètre de diamètre. Enfin, 1 centigramme de cochenille suffit pour colorer d'une manière très-apparente 100,000 grammes d'eau. Une parcelle de musc conserve son odeur pendant des siècles, sans rien perdre de son poids; cependant elle émet constamment des particules odorantes.

Vous voyez jusqu'à quel point la divisibilité de la matière est grande. On a à chaque instant l'occasion d'appliquer cette propriété.

La *compressibilité* est une propriété qui se lie à la porosité : plus il y a de distance entre les molécules des corps, plus ils sont susceptibles d'être comprimés. Ainsi une éponge se comprime et se trouve réduite à un mince volume. Les gaz sont plus compressibles encore. Les métaux diminuent de volume dans certaines proportions. Quant aux liquides, ils sont peu susceptibles de compression.

L'*élasticité* est encore une dépendance de la compressibilité et de la porosité ; cependant certains corps, quoique poreux et compressibles, ne sont pas élastiques. Un corps élastique est celui qui reprend son volume primitif, quand cesse la cause qui comprimait ce volume.

Ainsi, prenons pour exemple le ressort ou spirale ; nous voyons que les différents tours qui forment le ressort se rapprochent l'un de l'autre sous l'influence de la compression ; quand la force cesse d'agir, les spires s'écartent de nouveau, et le ressort agit par un mouvement d'élasticité brusque et spontané. Voilà l'effet de cette propriété.

L'air comprimé agit de même. Dans le fusil à air ou à vent, la balle est chassée par l'air qui reprend son premier volume. Les gaz sont tous dans le même cas : la poudre, en déflagrant, forme des gaz élastiques qui produisent l'action propulsive que nous voyons agir avec une telle puissance, qu'elle peut chasser au loin un boulet de 24 kilogrammes.

Nous avons encore la vapeur d'eau, si terribe dans ses effets, quand elle est fortement comprimée. La marmite de Papin en est une des plus admirables explications ; c'est elle qui a servi la première à faire connaître la puissance de l'eau réduite en vapeur, dont nous nous servons aujourd'hui, avec une grande supériorité, pour faire mouvoir sur les routes de fer des convois composés d'un nombre considérable de wagons. Si l'on oppose le moindre obstacle à la vapeur dilatée, elle agit élastiquement sur les parois du vase qui la contient, et le métal, quelque résistant qu'il soit, vole en éclats.

La *mobilité* est une propriété générale en vertu de laquelle un corps peut passer de l'état de repos à celui de mouvement ou d'activité. Il en résulte qu'un corps est susceptible de deux états :

l'équilibre, qui constitue la partie de la science mécanique appelée la *statique*, et la *dynamique*, qui comprend l'étude des lois du mouvement. On a donné le nom de mécanique à la partie de la science qui comprend la statique et la dynamique.

La dernière des propriétés dont les corps sont susceptibles est la *pesanteur*. C'est celle en vertu de laquelle les corps tombent vers le centre de la terre. La cause de cette propriété est regardée comme provenant d'une action attirante ou attractive de la terre sur les corps à sa surface, et qu'on appelle la gravitation ou la pesanteur. Les corps que nous abandonnons à eux-mêmes d'une certaine hauteur ne tombent pas dans le même temps, à cause de la résistance de l'air. Une masse de plumes, une balle de plomb, tomberaient dans le vide parfait avec une égale vitesse ; mais dans l'atmosphère, à cause de la résistance de l'air, les vitesses sont proportionnelles à l'étendue des surfaces. Ainsi, une lame d'or très-mince, présentant de la résistance à l'air, tombe avec lenteur, après avoir longtemps oscillé, tandis qu'un globe de métal tombe sur-le-champ.

— Je vois que la physique est une science tout

aussi utile que la chimie, et qu'on peut y trouver d'utiles applications.

— Oui, mon ami, on ne peut trop étudier les sciences et surtout leurs applications ; c'est le véritable moyen de faire faire des progrès aux arts et à l'industrie.

On mesure la pesanteur au moyen d'un instrument d'une haute utilité, et qu'on est arrivé à élever à sa plus parfaite précision : c'est la *balance*. Entre les grossiers plateaux destines à peser les marchandises lourdes et d'un prix peu élevé, et les balances de précision qui servent à reconnaître le poids des objets précieux ou à faire les expériences de chimie, il y a une grande différence ; mais ces divers instruments sont tous fondés sur un même principe. C'est toujours un levier posé sur un axe de suspension et portant à ses deux extrémités des plateaux d'un poids égal. Quand les deux plateaux sont vides, l'aiguille placée au centre du levier, est parfaitement verticale ; mais dès qu'un des plateaux trébuche sous l'influence d'un poids quelconque, l'aiguille dévie d'autant plus que le poids est plus considérable.

Quand on a des balances dont on n'est pas sûr, et qu'il est cependant nécessaire qu'on ait une connaissance exacte du poids de l'objet qu'on pèse, on a recours à une méthode qu'on appelle la méthode des doubles pesées : elle consiste à mettre dans le plateau opposé à celui dans lequel est le corps qu'on pèse un petit vase, qu'on remplit peu à peu de petit plomb jusqu'à ce que l'équilibre soit parfait ; on enlève le corps à peser, et l'on y substitue des poids qui indiquent exactement ce que l'on cherche.

On a dû, pour plus de précision, adopter une unité, c'est-à-dire une chose invariable, pour mesurer la pesanteur : c'est le *gramme*, qui correspond à 1 centimètre cube d'eau distillée à 4°.

La *romaine* est une balance imparfaite dans laquelle les bras du levier sont inégaux. On attache un poids à la branche la plus longue, et l'on suspend la chose à peser à la branche la plus courte.

Vous voyez que la balance, cet instrument si précieux en chimie, qu'on ne pourrait faire une seule analyse si l'on était privé de son secours, est une des applications de la propriété générale qu'on appelle pesanteur, et de celle qu'on désigne sous le nom d'équilibre.

Le *pendule* est encore un instrument qui sert à

connaître la quantité de force attractive du point du globe où se fait l'expérience. Ainsi, plus l'attraction terrestre est puissante, plus les oscillations du pendule sont petites, et leur durée limitée.

— Oh! papa, tu nous prends pour des savants! Tu nous parles du pendule, de l'attraction, des oscillations, et tu ne nous dis pas ce que c'est, interrompit Jules.

— Tu as raison, mon ami. Le pendule est si simple, que je le croyais connu de vous par son nom. Vous le voyez, au reste, tous les jours, sans savoir ce que c'est. Le balancier de notre pendule est un pendule; le balancier de l'horloge de bois que Madeleine a dans sa cuisine est un pendule. Le poids soutenu au bout de la corde de la même horloge, et qui se balance en l'air pendant quelque temps, quand on lui fait quitter la verticale, est un pendule. En un mot, un pendule est un instrument qui se compose d'un poids ordinairement circulaire, aplati et à bords tranchants, qu'on appelle lentille, lequel est suspendu à un fil aussi fin que possible. Quand on l'écarte de la ligne verticale, il passe son centre et commence à battre à droite et à gauche avec régularité ; mais comme il y a l'attraction terrestre qui agit sur la lentille et qui l'attire à elle, les oscillations....

— Papa, que signifie le mot oscillation ?

— Se balancer à droite et à gauche avec une sorte de régularité. Je disais donc que les arcs décrits par les oscillations deviennent de plus en plus petits, et que le pendule finit par s'arrêter.

— Mais, dans le vide ?... demanda Victor.

— Dans le vide, il irait plus longtemps ; mais il n'en serait pas moins sollicité par l'attraction terrestre, et il s'arrêterait enfin.

Une des applications les plus utiles du pendule, dans les usages communs de la vie, est de servir à régulariser le mouvement des horloges.

En science, c'est au moyen du pendule qu'on a constaté le renflement de la terre à l'équateur et son aplatissement aux pôles.

Voilà, mes enfants, les propriétés générales des corps. Nous allons maintenant nous occuper des propriétés particulières.

La première de ces propriétés, qui ne se trouve que dans les corps solides, est la *ductilité* : c'est la propriété de certains métaux de s'allonger sans se rompre, en passant par une filière, jusqu'à ce qu'ils soient arrivés à une telle ténuité, que le fil le plus fin soit à côté gros comme un câble. C'est ainsi que 30 grammes d'or étirés donnent un fil ayant plus de 400,000 mètres de longueur, c'est-à-dire la distance de Paris à Lyon. Il peut, par son aplatissement, couvrir une surface de 300 mètres carrés; et, dans cet état, il n'a pas plus de 1/500,000 de millimètre d'épaisseur.

— Quel est le métal qui fait les fils les plus fins? demanda Jules.

— Le métal le plus ductile est l'or, et le plomb est le moins ductile de tous.

La *malléabilité* est une propriété différente, quoiqu'elle se rapproche de la ductilité; c'est celle en vertu de laquelle les corps, et surtout les métaux, s'étirent et s'étendent sans se rompre sous le choc du marteau ou sous l'action des rouleaux du laminoir.

— Nous savons ce que c'est qu'un laminoir, dit Emile. Ce sont deux cylindres d'acier placés l'un au-dessus de l'autre, et entre lesquels on fait passer les corps qu'on veut réduire en feuilles, ce qu'on appelle *laminer*.

— C'est bien cela. Les métaux ne sont pas également malléables, et leur ductilité n'est pas un indice de leur malléabilité. Ainsi, l'or est le plus malléable et le plus ductile ; mais l'étain, qui est un des moins ductiles, se trouve sous le rapport de la malléabilité, avant le platine et le plomb, le moins ductile de tous, plus malléable que le zinc et le fer, qui le sont fort peu.

La *flexibilité* est la propriété que possèdent certains corps de se plier en divers sens sans se rompre. Les métaux ductiles sont flexibles, mais ils le sont moins que les matières organiques. Un cheveu, un brin de laine ou de soie, un fil de coton, sont bien plus flexibles que les fils d'or. Un fait très-curieux, c'est que le verre, dont vous connaissez la rigidité, devient souple et flexible quand il est étiré en fils fins comme des cheveux.

Quelques métaux, et toutes les substances organiques, sont susceptibles de *torsion*, c'est-à-dire qu'ils peuvent se tourner sur eux-mêmes comme font, par exemple, les fils de chanvre mis en œuvre par le cordier. Le fer se tord fort bien, et, dans cet état, il a plus de force. On en fait des canons de fusil très-chers, parce qu'ils ne crèvent pas facilement sous l'action de la poudre.

La *ténacité* est la propriété de résister à la destruction par le choc. Ainsi, une masse de granit résiste à la percussion la plus violente, tandis que le verre se brise en mille pièces, pour peu qu'on le frappe même légèrement.

Un fait très-intéressant que je veux vous signaler est celui-ci : Un corps doué de peu de ténacité ne se brise pas sous l'influence d'un choc violent; il n'en est enlevé qu'une petite particule. Quand un carreau de vitre est frappé par une balle qui a toute sa vitesse, elle n'y fait qu'un trou ; tandis que si elle l'atteint après avoir perdu une partie de sa vitesse primitive, elle le fait voler en éclats.

La ténacité consiste dans l'adhérence plus grande qui existe entre les molécules qui constituent un corps. Un fil qui se rompt sous l'effort d'un poids donne la mesure de sa ténacité. Cette propriété n'a presque pas de rapport avec les deux propriétés dont nous venons de parler. Le fer est plus tenace que l'or, et le plomb l'est beaucoup moins. Si l'on prend un fil métallique de 2 millimètres de diamètre, et qu'on y suspende un poids, le fil de fer portera 249 kilogrammes, l'or 68, et le plomb 12. Vous devez comprendre qu'il est parfois utile de connaître la ténacité des corps dans les usages de la vie.

Pour la construction des ponts suspendus, qui ne sont soutenus que par de grosses cordes composées d'une multitude de fils de métal liés ensemble, il a fallu calculer la ténacité des fils employés; car on ne pouvait confier la vie des hommes au hasard. On a dû connaître la résistance des fils de divers métaux, et l'on a trouvé que le fer réunit toutes les conditions désirables, tant à cause de sa ténacité que de son bon marché. Il en faut moins pour présenter une résistance qui ne pourrait s'obtenir en employant un autre métal. Pour le cuivre, par exemple, il faudrait doubler le nombre des fils et leur diamètre.

La *dureté* est encore une propriété dont la connaissance est très-utile dans les arts. On entend par dureté la propriété de résister au frottement ou à l'action d'un autre corps. Le fer est le plus dur et le plomb le plus mou de tous les métaux. Le cristal de roche et le diamant sont très-durs; le dernier surtout ne peut être rayé par la lime; il ne l'est qu'au moyen de sa propre poussière. Nous ne trouvons que peu de dureté dans certaines substances : la cire, le liége, sont très-mous et ne résistent à aucun frottement.

Nous avons examiné les principales propriétés des corps solides. Il nous faut maintenant voir une branche de la science très-importante, à cause de son utilité : c'est l'*hydrostatique*. On donne ce nom à l'étude des lois qui régissent les liquides en repos ; quand ils sont en mouvement, cette science prend le nom d'*hydrodynamique*.

Les liquides sont composés de petites sphères ou globules roulant les uns sur les autres ; ce qui leur donne la fluidité que nous connaissons.

— Comment a-t-on pu constater la forme des molécules de l'eau ? demanda Victor.

— Par analogie. Chaque fois que l'eau est le résultat de la condensation de la vapeur, elle affecte la forme d'un globe. La rosée que vous voyez sur les feuilles des rosiers, le brouillard qui s'attache aux corps métalliques polis ou aux tissus de laine, sont toujours sphériques. La même chose a lieu pour le mercure ; dès qu'il est divisé, il se réunit en une petite masse de globules, qui se reforment dès que la pression à laquelle ils obéissaient cesse d'exister.

— Je me rappelle fort bien, reprit Victor, que,

quand j'ai cassé si maladroitement ton baromètre, le vif-argent, en tombant par terre, s'est divisé en un nombre immense de petites sphères qui roulaient sur le sol et qui échappaient à nos doigts.

— C'est la même loi qui préside à la figure sphérique des liquides. L'état naturel d'un liquide en repos, c'est l'horizontalité. Il faut, pour que cette loi soit troublée, qu'une puissance vienne exercer sur le liquide une grande influence. Les marées sont dues à l'action de la lune sur la mer ; quand elle paraît à l'horizon, les eaux montent et s'élèvent, et l'on a ce qu'on appelle la haute mer ; quand elle s'éloigne, les eaux s'abaissent, et le mouvement alternatif qu'on appelle flux et reflux est dû à l'action de la lune, qui agit par sa masse sur l'équilibre des eaux.

— Mais, cher papa, puisque la lune, qui est plus petite que la terre, agit si puissamment sur les eaux de la mer, le soleil, qui est beaucoup plus gros, doit agir plus fortement? dit Emile.

— Monsieur le raisonneur, vous n'avez pas réfléchi que le soleil, quoique bien plus gros, est quatre cents fois plus éloigné de la terre que la lune; aussi sa force est-elle considérablement amoindrie par la distance ; mais à l'époque de la pleine lune, quand les deux astres concourent à une même action, les marées sont plus hautes, tandis que, quand le soleil et la lune agissent de manière à se contrarier, les marées sont très-basses.

— Je me rappelle, dit Jules, que, quand nous avons été à Honfleur, l'année dernière, papa m'a fait remarquer, le soir, l'élévation des eaux de la mer ; le port, qui était sec comme cette chambre, se remplit d'eau peu à peu, et le lendemain matin il n'y avait plus rien. Tu m'as alors expliqué, père, comment agit la lune, et j'ai compris la cause des marées.

— Est-on bien sûr que ce soit la lune qui agisse sur les eaux ? reprit Emile.

— Cher Emile, tu as un grand défaut, dit M. Raymond ; tu raisonnes trop et tu arrives à douter de toutes choses. Ce défaut nuit à la solidité des connaissances scientifiques. Nous devons, il est vrai, nous servir de l'observation, mais il ne faut pas en abuser pour douter de tout ; car nous arriverions à douter de nous-mêmes.

— Attrape ça ! Grand merci, cher papa, M. Emile rit de ma crédulité et dit toujours qu'il est plus sage de douter, dit Jules.

— Il est souvent plus sage de croire, ou d'attendre, pour cesser de croire, qu'on ait découvert une lacune, une erreur dans l'objet qu'on étudie; le doute, dans ce cas, est digne d'un homme doué de raison; mais vouloir douter pour se donner des airs d'esprit fort, c'est le propre de la vanité.

Une des applications les plus importantes de l'hydrostatique est la *presse hydraulique.* C'est un corps de pompe dans lequel on fait arriver l'eau au moyen d'une petite pompe aspirante qui y est adaptée et communique avec lui; dans la partie supérieure de la pompe foulante est un piston mobile qui comprime, par le haut, un objet qu'on place entre ce piston et la traverse qui soutient tout l'appareil. C'est un des moyens les plus puissants de compression. Vous comprenez que le liquide qui afflue par couches toujours renouvelées dans le corps de la pompe, exerce sur le piston une pression toujours plus grande. La force de ce genre de pompe est irrésistible.

On a utilisé la connaissance de la loi d'immersion des corps flottants à la construction des navires; et comme on sait qu'ils perdent une partie de leur poids égale au poids du volume d'eau qu'ils déplacent, on les construit de manière à ce qu'ils présentent, pour un même poids, une surface plus grande.

Une propriété fort extraordinaire et qui est très-employée dans l'éclairage par l'huile est la *capillarité*. On entend par ce mot la propriété qu'ont les liquides de s'élever autour des solides qui y sont plongés. On a donné à ce phénomène le nom de capillarité, parce qu'un tube capillaire étant plongé dans l'eau, celle-ci s'y élève au-dessus de son niveau. Vous avez vu un morceau de sucre plongé par la base dans un liquide, se mouiller jusqu'à sa partie supérieure : c'est l'effet de la capillarité. La mèche de coton plongée dans l'huile s'imbibe également en vertu de la même loi.

Tous les corps susceptibles de s'imbiber d'humidité sont dans le même cas; l'eau y monte jusqu'à une certaine hauteur qu'elle ne dépasse pas. C'est à la capillarité qu'il faut attribuer la destruction des monuments en pierre de taille et l'humidité qui, dans les murs de plâtre, monte jusqu'à près de deux mètres.

Le phénomène le plus commun de l'hydrodynamique est le puits artésien. La théorie ne vous en est pas connue, et je vais vous l'expliquer. Vous savez que dans notre jardin de Paris on avait construit un petit bassin avec un jet d'eau. Comme nous n'avions pour l'alimenter d'autre eau que celle de la fontaine, nous avions mis un réservoir au sommet d'un rocher que j'avais fait construire par Michel. Comme il y avait plus de deux mètres de différence entre le niveau du réservoir et celui du bassin, l'eau jaillissait par suite de la pression du liquide; et quand vous le voyiez diminuer de hauteur, vous couriez au réservoir que vous saviez être à moitié vide.

Il en est de même des puits artésiens, appelés ainsi parce qu'ils sont très-communs dans l'Artois, où l'eau est abondante. Les différentes couches qui composent l'écorce du globe sont d'une perméabilité inégale : les unes laissent passer l'eau; d'autres, comme les glaises, la retiennent. Ces mêmes couches, qui partent du sommet de certaines montagnes, descendent dans les plaines à des profondeurs considérables, et l'eau qui pénètre dans le sol, en coulant le long de cette couche imperméable, s'y accumule et y forme un véritable fleuve souterrain. Quand on perce un trou dans la plaine, souvent à plusieurs centaines de mètres au-dessous du niveau de la montagne, et qu'on arrive à la nappe d'eau, le liquide s'engage dans ce trou ; et comme le réservoir est très-élevé, l'eau arrive à la surface et forme une fontaine jaillissante. Vous comprenez?

— Sans doute, dit Emile ; il faudrait être bien obtus pour ne pas comprendre. Je vois que, quand le réservoir n'est pas très-élevé au-dessus du sol, l'eau s'accumule sans jaillir au fond du trou ; c'est ainsi qu'on pratique les puits.

— Qui t'a appris cela?

— Le père Laurent : pendant qu'il creusait le puits du potager, je suis allé souvent voir ses travaux, et, en l'interrogeant, j'ai appris ce que je viens de vous dire.

— Tu as bien fait : il faut toujours interroger, c'est le moyen de s'instruire ; mais il faut le faire sans importunité et seulement pour apprendre les choses qu'on ignore.

Les gaz ont des propriétés particulières qui méritent d'autant plus d'être étudiées, qu'elles nous sont de la plus haute utilité, depuis qu'elles sont entrées dans les habitudes de notre vie civilisée. Autrefois on se passait des gaz; on ne les connaissait même pas; mais aujourd'hui, nous serions fort malheureux s'ils nous manquaient.

La pression atmosphérique a été découverte par un Italien....

— Pardon, père ; j'ai souvent entendu parler de la pression atmosphérique, dit Jules ; mais je ne sais pas bien ce que c'est.

— Et toi, Emile ?

— Ni moi ; mais Victor, qui aime tant à lire et qui réfléchit sans cesse, est sans doute plus savant que nous.

— L'air est un fluide qui entoure notre globe tout entier, dit Victor. Il est très-élastique et très-léger ; mais si léger qu'il soit, comme sa masse est très-considérable, puisqu'il a, dit-on, plus de soixante kilomètres d'épaisseur, cette masse pèse d'un certain poids sur tous les corps placés à la surface de la terre. Il me semble que c'est là ce qu'on entend par la pression de l'air.

— Tu ne te trompes pas, Victor ; un docteur n'aurait pas mieux dit. Le poids d'un litre d'air est d'un peu moins d'un gramme et demi ; mais comme nous en supportons une grande quantité de litres, on évalue de quinze à seize mille kilogrammes ce qu'en porte un homme de taille ordinaire.

— Oh! papa, c'est impossible, s'écria Jules. Si tu me mettais seulement cent livres sur les épaules, je trouverais que c'est un terrible fardeau.

— Sans doute, mon ami ; mais tu ne penses pas que nous sommes entourés d'air comme le poisson est entouré d'eau, et que l'eau, qui, à volume égal, est presque mille fois plus lourde que l'air, n'a jamais écrasé le plus petit goujon. Tu ne sens pas le poids de l'air, parce que celui qui remplit nos poumons, qui court avec notre sang jusqu'aux extrémités de notre corps, fait équilibre à la pression extérieure. Le fait de la pression de l'air est d'ailleurs prouvé d'une manière incontestable. Dans le voyage que nous avons fait l'année dernière en Lorraine, à l'époque des vendanges, vous avez vu des enfants plonger de longues pailles dans la cuve pleine de vin doux, et vous avez, comme eux, goûté le liquide sucré en le faisant arriver à vos lèvres à travers ce tube conducteur.

— Je t'assure qu'il était bien meilleur ainsi, dit Jules, que si on l'avait bu dans un verre.

— Ce n'est pas cela qui m'occupe, mon ami ; je veux seulement te demander si tu sais pourquoi le vin montait dans le tuyau de paille.

— Oui, papa; il y montait parce que nous l'y forcions en aspirant l'air contenu d'abord dans ce tuyau.

— Très-bien. En aspirant l'air, vous avez fait au liquide une place qu'il a prise aussitôt. La même chose a lieu quand vous chassez l'air d'un corps de pompe en élevant et en abaissant le balancier qui fait manœuvrer le piston.

— Et quand le piston prend l'air, l'eau ne peut pas monter, reprit Jules, parce que tout l'air ne peut pas être chassé. Nous avons vu cela, quand on a réparé la pompe de la cuisine, il y a quinze jours.

— Mais, papa, il n'est pas prouvé que ce soit la pression de l'air qui fasse arriver l'eau au robinet de la pompe, dit Emile.

— C'est si bien la pression de l'air, qu'on n'a jamais pu faire monter l'eau au-dessus d'une certaine hauteur, exactement calculée sur le poids de la colonne d'air que cette eau supporte.

— Papa, j'ai lu dans la *Vie des grands Hommes*, dit Victor, que Galilée fut un jour appelé par le duc de Florence et prié de lui expliquer pourquoi les plus habiles ouvriers ne réussissaient point à amener dans une des fontaines du palais l'eau d'un bassin voisin. Les ouvriers étaient là, peu inquiets de savoir ce qu'allait dire l'illustre savant, mais cependant certains d'avoir à lutter contre une difficulté dont personne avant eux n'avait triomphé, puisque le bassin était placé à quarante pieds plus bas que le déversoir de la fontaine, et que c'était un fait connu que l'eau ne pouvait monter à plus de trente-deux pieds. Galilée se sentit encore plus embarrassé qu'eux. Il jouissait d'une grande réputation; mais, quoiqu'il la méritât bien, il ne savait comment expliquer ce qu'il était forcé de constater. Avant lui, les savants avaient toujours dit que si l'eau montait dans un tuyau de pompe d'où l'on avait chassé l'air, cela venait de ce que la nature avait horreur du vide; mais Galilée était un homme trop supérieur pour ne pas comprendre le ridicule de dire que la nature avait horreur du vide jusqu'à une certaine hauteur seulement. Il avoua donc que la science ne s'était point encore rendu compte de ce fait; mais il promit de s'en occuper,

— Très-bien, Victor. Tu lis avec une grande attention, et cela te profite. Tu sais donc que Galilée, déjà vieux à cette époque, n'eut pas le temps de résoudre ce problème, mais que son élève Torricelli eut la gloire d'y parvenir et de prouver que si l'eau ne monte pas au delà de trente-deux pieds, c'est parce que le poids de l'air est précisément égal à celui d'une colonne d'eau de trente-deux pieds de hauteur.

— Mais, papa, comment put-il le prouver? insista Emile.

— Il se dit que si l'eau montait jusque-là, un liquide plus lourd que l'eau arriverait moins haut. Comme le mercure est quatorze fois plus lourd que l'eau, il pensa que le mercure s'élèverait quatorze fois moins; et l'expérience qu'il en fit démontra la justesse de ses calculs.

— On fait donc des expériences en physique comme en chimie? dit Jules.

— Assurément. On en fait même de très-curieuses. Ne t'ai-je pas plusieurs fois fait assister à des soirées de physique?

— Oh! oui, père. C'était bien amusant; mais tu ne veux pas nous apprendre à faire des tours de physique.

— Non, certes; mais je pourrai, quand l'occasion s'en présentera, vous donner l'explication de quelques-uns.

— Mais si tu sais les expliquer, tu saurais donc les faire ?

— Tu dois comprendre qu'il faut pour cela plus d'adresse encore que de savoir. Cette adresse ne peut s'acquérir que par l'habitude. Après Torricelli, vint Pascal.

— Papa, quand nous sommes passés l'autre jour devant la tour Saint-Jacques, je t'ai demandé pourquoi on y avait placé la statue de Pascal ; mais tu n'as pas pu me répondre, parce que M. Lambert, nous ayant rencontrés à ce moment, a continué sa promenade avec nous.

— Je n'ai pas même entendu ta question ; mais je puis y répondre aujourd'hui. Pascal a sa statue sur la tour Saint-Jacques, parce que du sommet de cette tour, qui était de son temps le point le plus élevé de Paris, il reconnut que le mercure montait plus haut dans le tube de Torricelli que quand on se tenait au pied de la tour.

— Qu'était-ce que le tube de Torricelli ?

— Un tube de verre contenant une colonne de mercure, c'est-à-dire l'instrument connu sous le nom de baromètre.

— Le baromètre qui indique s'il doit faire beau ? demanda Jules.

— Oui. Torricelli, pour faire l'expérience de la pesanteur de l'air, emplit de mercure un vase dans lequel il plongea un petit tube de verre fermé par son doigt. Il l'ouvrit, et il vit le mercure monter jusqu'au point fixé par ses calculs. Les oscillations du mercure indiquent le poids de l'atmosphère. Quand l'air est sec, le mercure monte ; quand il est humide, le mercure descend.

Nous nous servons du baromètre, nous, pauvres ignorants, pour savoir quel temps il fera, et vous allez le consulter plus de dix fois dans une heure quand nous devons faire une promenade ; mais les vrais savants s'en servent pour mesurer les hauteurs. Comme on sait que la pression atmosphérique diminue à mesure que l'on s'élève, on calcule la hauteur des montagnes au moyen du baromètre, dont la colonne de mercure se raccourcit d'autant plus qu'on monte plus haut.

On a fait des baromètres de plusieurs sortes. Les plus commodes, ceux qui sont indispensables dans les voyages, et qui n'ont qu'un inconvénient, celui de se briser facilement, sont les baromètres à tube. Le baromètre à cadran est plus agréable à l'œil, mais il ne vaut jamais le premier.

— La colonne de mercure a-t-elle, à Paris, toujours la même hauteur? demanda Emile.

— La hauteur normale ou régulière, au bord de la mer, est de 760 millimètres. A Paris, elle est de 756 ; mais elle tombe quelquefois à 730 et s'élève au maximum à 770.

Le baromètre est un instrument précieux qu'on ne peut trop observer, mais qui présente tant de variations, qu'il est difficile de s'en servir avec précision.

Nous avons parlé des aérostats en traitant de la préparation du gaz hydrogène; je vous en parlerai de nouveau à l'occasion de la dilatation des gaz. La théorie des ballons est fondée sur ce que chaque fois qu'un corps est plus léger que l'atmosphère, il s'élève jusqu'à ce qu'il ait atteint une hauteur où l'équilibre soit établi. Montgolfier employa d'abord l'air dilaté par la chaleur, et il n'en faut pas davantage pour qu'il y ait ascension; mais le gaz hydrogène est préférable.

— Il y a donc une grande différence de poids entre le gaz hydrogène et l'air atmosphérique ?

— Le gaz hydrogène ne pèse guère que 7/100 de

l'air. Ainsi, 100 mètres cubes d'air pèsent 130 kilogrammes, tandis qu'un même volume de gaz hydrogène ne pèse que 9 kilogrammes. Vous voyez qu'un ballon ayant une capacité représentant 100 mètres cubes, pourrait enlever un poids de 120 kilogrammes; et s'il avait une capacité de 1,000 mètres cubes, il pourrait enlever 1,200 kilogrammes. Il ne faut pas, à cause de l'extrême dilatabilité du gaz, emplir complétement le ballon, parce qu'il se déchirerait en se dilatant, la diminution successive de la pression de l'atmosphère lui laissant toute liberté pour augmenter de volume.

La manœuvre des aérostats est fondée sur le même principe : on s'élève ou l'on s'abaisse en diminuant ou en augmentant le poids du ballon; toutefois on n'a pas encore trouvé le moyen de les diriger sûrement.

— On ne le trouvera peut-être jamais, dit Emile.

— Qui sait? Les grandes choses se perfectionnent quelquefois lentement : il ne faut jamais désespérer de l'avenir.

En voilà assez pour une première leçon. Vous connaissez les principales propriétés des corps, et j'espère que vous vous rappellerez par qui et à quelle occasion le baromètre a été inventé. Demain nous ferons quelques petites expériences; car je vous ai promis de chercher toujours à vous instruire en vous amusant.

II.

Machine pneumatique. — Tâte-vin. — Entonnoir magique. — Machine dite à compression. — Syphon. — Fontaine de compression. — Fontaine de Héron. — Le Ludion. — La Cloche à plongeur. — Pompe aspirante et Pompe foulante. — Pesanteur spécifique des Corps. — Aréomètres. — Chemin de fer atmosphérique. — Le Vent.

— Papa, dit Jules, tu sais que nous commençons aujourd'hui la leçon par des expériences. Mais d'abord je voudrais bien savoir ce que c'est que cet appareil qui ressemble à une petite pompe.

— C'est une machine pneumatique. Elle sert à faire le vide, c'est-à-dire à retirer l'air contenu dans un vase quelconque. Cet instrument est, vous le voyez, d'une grande simplicité. C'est un corps de pompe muni de deux soupapes. On l'adapte au vaisseau dans lequel on veut faire le vide ; on pompe ; l'air contenu dans le corps de pompe est expulsé, celui du vase le remplace ; et, en répétant ce mouvement, le vide se fait d'une manière presque complète. La pression exercée par l'atmosphère sur le vase dans lequel on a fait le vide, le réduit en poussière, s'il n'est pas solide ni de forme sphérique, condition essentielle de résistance ; il faut même ne toucher qu'avec précaution à la cloche sous laquelle on a fait le vide, car la pression atmosphérique est presque d'un kilogramme par centimètre carré, et le moindre choc suffirait pour briser ce vase.

— Papa, nous voudrions bien voir fonctionner la machine pneumatique.

— Nous allons renouveler une des expériences de son inventeur, Otto de Guéricke, bourgmestre de Magdebourg. Voici deux demi-sphères creuses, d'égale dimension, que nous allons ajuster l'une sur l'autre de manière à former un globe.

— Mais, papa, il y a un petit robinet à l'une des deux.

— Oui. Nous allons entourer la ligne de jonction des deux demi-sphères d'un cuir gras, destiné à empêcher que l'air ne s'y introduise; nous adapterons la sphère à la machine pneumatique; et quand nous y aurons opéré le vide, nous fermerons ce robinet.

M. Raymond joignit l'action à la parole; puis, retirant le globe, il dit à ses enfants d'essayer d'en séparer les deux moitiés. Les jeunes gens firent les plus grands efforts pour y arriver, mais ce fut en vain.

— Cessez de vous fatiguer, leur dit en riant le bon père; on attellerait cinq chevaux de chaque côté de cette boule et on les chasserait en sens contraire, qu'ils ne parviendraient point à en désunir les deux parties, tant est puissante la pression de l'air extérieur à laquelle l'air intérieur ne peut plus faire équilibre.

— Mais si l'on ouvrait le robinet? dit Emile.

— Si l'on ouvrait le robinet, l'air rentrerait aussitôt dans la boule, dont les deux parties se disjoindraient ensuite facilement.

— Je reconnais, ajouta Emile, que la pression de l'air est une force très-considérable.

— N'avez-vous pas déjà vu que, quand on met

en perce un fût de vin, le liquide ne coule pas tant que la bonde reste hermétiquement fermée ?

— Je le sais depuis l'année dernière, dit Jules. Le garçon qui nous apportait du vin, n'ayant pas pu desserrer la bonde, a fait un petit trou à côté, et il l'a fermé d'une cheville de bois, que Madeleine soulevait chaque fois qu'elle allait tirer à boire.

— Eh bien ! ce qui empêchait le vin de couler, c'était la pression de l'air extérieur ; mais dès que l'air a pu pénétrer dans le fût par une ouverture supérieure, les deux pressions se sont fait équilibre, et le liquide a pu sortir.

L'usage du tâte-vin est fondé sur le même principe. C'est un petit tube en fer-blanc, percé d'un trou à chacune de ses extrémités. Si on le plonge dans un tonneau, en tenant le doigt sur l'ouverture supérieure, on peut le retirer sans qu'il laisse échapper le liquide dont il est rempli ; mais dès qu'on soulève le doigt, la liqueur sort.

Les faiseurs de tours se servent quelquefois de ce qu'ils nomment l'entonnoir magique. Cet instrument est à double paroi, c'est-à-dire qu'il se compose en réalité de deux entonnoirs placés l'un dans l'autre et laissant entre eux un espace vide. L'entonnoir intérieur n'a pas de communication avec le tube qui termine l'autre. Par ce tube, on introduit du vin dans l'espace resté libre, et l'on tient le pouce appliqué sur un petit trou placé à la partie supérieure de l'entonnoir. Le vin ne s'écoule pas plus que celui du tonneau ou du tâte-vin, tant que cette ouvertue est bouchée. Le charlatan retourne l'entonnoir pour faire voir au public qu'il n'y a rien dedans; puis il y verse de l'eau qui ne peut sortir, puisqu'elle n'a pas d'issue. Il lève alors le pouce, et le vin coule, à la grande stupéfaction des curieux.

— Papa, tu nous feras faire un de ces entonnoirs, dit Jules.

— Je n'y manquerai pas, répondit en riant M. Raymond. En attendant que je voie le ferblantier, revenons à la machine pneumatique, dont nous n'avons pas encore vu tous les effets. Adaptons-y ce large tube de verre, après en avoir fermé l'extrémité supérieure avec du parchemin mouillé. Quelques coups de piston y feront le vide.

— C'est moi qui vais pomper, s'écria Jules.

M. Raymond le laissa faire; puis il dit à Emile

de crever le parchemin à l'aide de son couteau. Emile obéit, et l'on entendit un bruit semblable à celui d'un coup de pistolet.

— Voilà, dit M. Raymond, l'effet de l'air rentrant violemment dans le tube dont nous l'avions chassé. Vous savez, mes amis, ajouta-t-il, que sous l'influence de l'air la putréfaction des substances animales est très-rapide. Dans le vide on peut les conserver indéfiniment.

Une expérience intéressante à faire aussi est celle des fruits ridés qu'on met sous le récipient de la machine et qui reprennent leur volume dès qu'ils sont dans le vide.

Quand on met de l'eau sous le récipient de la machine pneumatique et qu'on fait le vide, on voit l'eau entrer en ébullition à sa surface et la partie inférieure se convertir en glace.

Enfin, si nous mettons dans un tube assez long une balle de plomb et une balle de liége, elles tomberont au fond du tube aussi vite l'une que l'autre, dès que nous en aurons retiré l'air; tandis que si vous laissez tomber à l'air libre un corps pesant et un corps léger, le corps pesant touchera la terre plus tôt que l'autre.

La *machine dite à compression* sert à comprimer

les gaz ; elle est employée dans le fusil à vent. C'est une pompé foulante qui remplit la crosse d'air. Cela fait, on enlève le corps de pompe et l'on y substitue un canon de fusil dans lequel on met une balle. On ouvre la soupape ; l'air comprimé s'échappe et chasse le projectile avec une force presque égale à celle de la poudre.

Le *siphon* est un tube formé de deux branches inégales ; ce tube, rempli de liquide et plongé dans un vase également plein, produira l'écoulement de tout le liquide, si l'ouverture extérieure est plus basse que celle qui plonge dans le vase. Nous voyons fréquemment les marchands de vin se servir du siphon pour faire leurs soutirages.

Un petit appareil fort amusant est la *fontaine de compression*. Il consiste en un flacon de verre contenant de l'eau et dans lequel plonge un tube ouvert aux deux extrémités. On renverse le flacon de manière à pouvoir y introduire de l'air en soufflant dans le tube. On bouche avec le doigt l'ouverture supérieure du tube ; et, quand on redresse le flacon, l'air comprimé presse sur le liquide et le fait jaillir par le tube.

La *fontaine de Héron*, appareil très-ingénieux

et qui a le même but, se compose de trois vases superposés, communiquant ensemble par des tubes. On verse de l'eau dans le vase supérieur qui est à cuvette, de manière à remplir à moitié le vase moyen dans lequel est plongé un tube qui a communication avec l'extérieur. Quand on a versé assez d'eau, on ferme l'orifice du tube avec un robinet et l'on verse dans la cuvette de l'eau qui tombe dans le vase inférieur, en chasse l'air, le force à monter dans le vase du milieu où il s'accumule. Quand on ouvre le robinet qui ferme le tube extérieur, l'air qui agit à la surface de l'eau la comprime et la force à jaillir. Le mouvement continue jusqu'à ce qu'il n'y ait plus d'eau dans le vase.

— Ne pourrions-nous pas faire une fontaine de Héron? demanda Emile.

— Rien de plus facile.. Il faut seulement des vases de verre bien montés et percés de trous pour le passage des tubes. Si vous vous sentez le courage de construire vous-mêmes cet appareil, je m'y prêterai de grand cœur.

— Si tu veux nous aider, papa, nous l'entreprendrons, mais seuls nous n'oserions nous en charger, dirent les enfants.

— Vous pouvez compter sur moi. Mais continuons. Vous devez vous rappeler avoir vu sur les places publiques un charlatan tenant à la main une fiole de verre remplie d'eau, dans laquelle est un petit bonhomme d'émail qui monte et descend à volonté.

— Je me le rappelle fort bien ; même le charlatan priait les assistants d'adresser au petit bonhomme des questions, auxquelles celui-ci répondait en montant ou en descendant, dit Jules.

— Ce petit bonhomme s'appelle *le Ludion.* Il a sur la tête un globe ou ampoule de verre percée d'un petit trou à sa partie inférieure ; les poids de cette boule et du Ludion sont calculés de manière à ce que le bonhomme se tienne debout dans l'eau. Le vase est couvert par une vessie. En appuyant le doigt sur cette enveloppe élastique, l'eau qui est en dessous se trouvant pressée par l'air entre dans l'ampoule par le petit trou, et, l'ayant rendue plus pesante, fait descendre le Ludion au fond du liquide. Quand la pression cesse, le bonhomme remonte, et c'est ainsi qu'on peut alternativement le faire monter et descendre.

Il est un autre appareil dans lequel l'air joue

un rôle d'une haute importance et qui a reçu dans ces derniers temps des applications utiles : c'est la *cloche à plongeur*.

— J'en ai vu une dans le *Magasin pittoresque:* c'est très-drôle. Je voudrais bien descendre sous l'eau dans une semblable machine pour voir ce qu'il y a au fond de la mer.

— Tu n'y verrais pas ce que tu crois; car, à de grandes profondeurs, il n'y a rien que du sable et des cailloux.

— Mais les poissons, les coquillages?

— On ne les trouve jamais au-dessous d'une certaine limite. Quand la lumière cesse de percer les couches supérieures, la vie diminue, et les animaux disparaissent. Une autre cause qui t'empêcherait de satisfaire ta curiosité, c'est que la pression exercée par l'eau sur les objets qui y sont plongés devient telle, que, même dans une cloche à plongeur, un homme ne pourrait pas vivre ; l'air refoulé par l'eau deviendrait pour lui un supplice, et il ne tarderait pas à y trouver la mort; c'est pourquoi on ne descend jamais qu'à de petites profondeurs.

— Papa, la mer est bien profonde, n'est-ce pas ? dit Victor.

— Moins qu'on ne le pense : elle doit avoir à peine un myriamètre dans sa plus grande profondeur.

— J'aurais cru qu'elle pénétrait jusque dans les entrailles du sol.

— Il y a certains endroits qui sont d'une profondeur extraordinaire, parce qu'ils répondent à des cavernes dans lesquelles l'eau vient s'engloutir; telle est, en France, la perte du Rhône.

— Papa, dis-nous ce que c'est.

— Je vous donne en ce moment une leçon de physique, et non de géographie.

Je continuerai à vous décrire la cloche. C'est une caisse en métal chargée par les bords de manière à être d'un poids assez considérable pour descendre au fond de l'eau verticalement sans basculer. L'air qu'elle contient empêche l'eau d'y entrer en trop grande quantité, de sorte qu'un homme qui y est placé ne puisse se noyer. On y a adapté un tuyau à l'extrémité duquel se trouve une pompe foulante, au moyen de laquelle on fait entrer dans la cloche de l'air nouveau.

— Comment l'homme placé dans cette cloche peut-il descendre et remonter à volonté ?

— L'appareil dans lequel il est assis est attaché à des cordages mus par des hommes montés sur des bateaux. Quand le plongeur veut remonter, il agite une sonnette placée à bord d'un des bateaux, et au même instant on hisse la cloche.

— Je voudrais bien descendre avec un plongeur et le voir travailler ; ce doit être amusant d'être enfermé dans cette maison et de braver l'eau qui vous entoure de toutes parts.

— Vous pouvez, à peu de frais, répéter dans cette chambre, ou mieux dans le bassin, l'expérience de la cloche. On prend un verre à boire, on le plonge dans l'eau bien verticalement, l'ouverture par en bas, et l'on remarque que plus on descend, plus le vide apparent que présente le verre diminue ; l'air est comprimé et l'eau pénètre dans le verre à quelques centimètres. Si vous mettiez sous ce verre un animal vivant, il continuerait de respirer, jusqu'à ce qu'il eût épuisé tout l'oxygène.

— Mais, papa, puisqu'on peut envoyer de l'air dans la cloche à plongeur, l'homme qui y est enfermé ne doit pas souffrir.

— On a beaucoup perfectionné cet appareil.

Plusieurs personnes peuvent s'y asseoir et y écrire commodément. La cloche est en fonte ; mais elle est éclairée par des fenêtres placées à sa partie supérieure, à laquelle s'adapte le tuyau à air. Au moyen d'un mécanisme ingénieux, l'air envoyé dans la cloche se maintient à une pression égale à celle qu'éprouve la poitrine du plongeur. Un autre tuyau rejette au dehors l'air expiré des poumons; et si par quelque accident la respiration du plongeur est suspendue, on peut lui porter secours en temps utile; car on voit aussitôt cesser de se produire à la surface de l'eau les bulles d'air qui sortent de sa demeure momentanée.

Cependant, malgré tous ces perfectionnements et toutes ces précautions, les plongeurs ont beaucoup à souffrir, lorsqu'ils veulent pénétrer à une certaine profondeur. Dès que la cloche a disparu sous l'eau, il leur semble qu'un cercle de fer entoure leur tête ; les flots prennent pour eux une teinte rougeâtre, de plus en plus foncée ; ils finissent par se trouver dans une complète obscurité, et ils entendent à peine le son de leurs voix, quelques efforts qu'ils fassent pour parler haut. Enfin, le froid les pénètre et leur devient bientôt insupportable, quoique la température de la mer ne soit jamais inférieure à quatre degrés au-dessous de zéro. La cause de ces divers malaises n'est autre que la pression de l'air; et le seul remède à y apporter consiste à remonter, dès que la souffrance est trop violente.

— Mais, papa, si l'on s'expose à mourir ainsi, c'est qu'on le veut bien, dit Jules. Que va-t-on faire sous les eaux?

— On n'y allait autrefois que pour repêcher les objets perdus dans les naufrages; on y va maintenant pour étudier les travaux à faire dans les ports ou dans le lit des fleuves, et pour essayer de faire quelques découvertes scientifiques.

— Les pêcheurs de perles se servent-ils de la cloche à plongeur? demanda Victor.

— Non, mon ami. Ils plongent sans autre appareil qu'une corde passée sous leurs bras, afin qu'on puisse les ramener à bord, et une pierre attachée à leurs pieds pour qu'ils descendent promptement au fond de la mer.

— Demain nous essaierons la cloche à plongeur dans le bassin du jardin, dit Emile. Mais il me semble, papa, que tu ne nous as guère parlé de la *pompe*, qui est un appareil trop utile pour que tu ne nous le fasses pas connaître avec quelques détails.

— Je vous ai dit que l'eau peut, au moyen d'un forage, jaillir au-dessus du sol : c'est le puits artésien ; mais il faut pour cela percer jusqu'à la nappe jaillissante. Quand on ne veut que rencontrer la première nappe, il faut, comme cela a lieu dans les puits, une poulie et une corde, aux deux extrémités de laquelle sont attachés des seaux. C'est un procédé aussi long que fatigant. On a construit la pompe pour faire arriver au-dessus du sol l'eau qui se trouve à une profondeur plus ou moins grande, en faisant marcher un piston au moyen d'un levier qu'on lève et baisse alternativement.

— Mais on ne peut, au moyen d'une pompe, faire monter l'eau qu'à une certaine hauteur; je ne l'ai pas oublié, dit Jules.

— Avec la simple pompe aspirante, on ne peut, en faisant le vide dans le tuyau par le mouvement du piston, élever l'eau qu'à trente-deux pieds, c'est-à-dire à 10 mètres 33 centimètres. Cette colonne d'eau fait équilibre à la pression atmosphérique, de même que 76 centimètres de mercure représente la colonne d'eau de 10 mètres, et la pression de l'atmosphère de 64 kilomètres.

— Toujours comme au temps de Galilée. Mais explique-nous, papa, la construction de la pompe et son mécanisme.

— Une *pompe aspirante* est celle au moyen de laquelle on force l'eau à monter dans un tuyau où l'on a fait le vide. Elle se compose d'un tube de métal dans lequel est engagé un piston, ou, si vous me comprenez mieux, un tampon porté sur une longue tige qui s'élève et s'abaisse au moyen d'un bras de levier. Au bas est un tuyau d'aspiration qui plonge dans l'eau et ferme par une soupape ; une seconde soupape placée au centre du piston se soulève comme le couvercle d'une tabatière. Quand vous élevez le piston, qui descend jusqu'au bas du tube, l'eau entre dans le corps de la pompe, puisque le vide y est fait, et elle franchit la première soupape qu'elle a levée, pénètre de là, à travers la soupape du piston, dans la partie supérieure du tuyau. Quand on abaisse le piston, la soupape du tuyau se ferme, et l'eau qui s'y est accumulée va se déverser au dehors par un conduit qui est placé au-dessus du sol. Comprenez-vous maintenant ?

— Assez bien. L'eau monte, ferme la première soupape et reste dans le tuyau de la pompe qui est au-dessous du piston ; puis, quand le piston la presse, elle ouvre la seconde soupape et entre dans la partie supérieure du tuyau ; en s'élevant, elle ferme la seconde soupape, et elle est bien obligée d'obéir au piston et de s'échapper par le conduit. Est-ce cela ?

— Fort bien. La *pompe foulante* fait passer l'eau qu'elle chasse dessous le piston dans un second tube qui est en rapport avec le premier, et elle a une double action : elle *aspire* pour élever l'eau et la *refoule* pour la faire passer dans le second tuyau d'où elle s'échappe par un conduit.

On se sert encore pour élever l'eau d'un appareil fondé sur le même principe, et qu'on appelle *bélier hydraulique ;* mais il est trop compliqué pour que je vous le décrive. Retenez seulement le principe. Chaque fois qu'on fait le vide dans un tube dont le bout plonge dans l'eau, elle y monte ; et l'on peut alors, au moyen de soupapes plus ou moins habilement disposées, faire écouler diversement le liquide.

Je vous ai parlé déjà, je crois, de la densité des corps, mais trop brièvement pour que vous ayez pu bien comprendre ce qu'on entend par ce mot. On appelle *densité*, ou mieux *poids spécifique*, ou bien encore *pesanteur spécifique* des corps, les quantités relatives de matière qu'ils contiennent sous un même volume. On a constaté que, sous un même volume, la densité n'est pas la même pour tous les corps; ainsi un décimètre cube de liége ne pèse pas autant qu'un décimètre cube de plomb; et celui-ci, qu'un décimètre cube d'or. Les bois ont des densités diverses qui permettraient presque de les reconnaître : le chêne est plus dense que le noyer, le noyer que le tilleul; ils ont ce qu'on appelle des poids spécifiques différents.

Pour connaître la densité des corps solides, on les pèse dans l'eau, puis hors de l'eau. Comme vous avez vu que tout corps plongé dans l'eau déplace un volume d'eau égal au sien, on calcule d'après le volume d'eau déplacée, celle-ci étant prise pour *unité*, quelle est la densité par rapport à l'eau.

— Pourquoi l'eau? demanda Jules.

— Parce que l'eau a été prise pour base, pour unité; c'est une convention. Mais comme il est facile de se procurer de l'eau distillée, et qu'elle a une densité toujours égale, on a eu raison de la choisir. Un physicien, nommé Nicholson, a construit un appareil appelé *aréomètre de Nicholson ;* il est établi sur le même principe, mais il est d'un emploi plus sûr dans les expériences délicates.

Les gaz étant très-légers, on ne calcule pas leur densité en prenant l'eau pour unité, mais en prenant l'air.

— Il doit être bien difficile de peser des gaz ?

— Pourquoi cela ?

— Parce qu'ils ne sont pas visibles et qu'on ne sait jamais si les vases qui les contiennent sont pleins ou vides.

— On a des moyens parfaitement simples et sûrs pour arriver à ce résultat. On prend un ballon de verre muni d'un robinet; on le pèse après en avoir enlevé l'air et y avoir fait le vide aussi parfaitement qu'il est possible. On y introduit de l'air et on le pèse de nouveau. On connaît alors le poids de l'air. On fait de nouveau le vide, et l'on introduit dans le ballon le gaz dont on veut connaître la densité, puis on pèse de nouveau. Par cette double opération, on compare le poids d'un volume de gaz à un volume d'air. Voilà le moyen de connaître la densité des gaz. Il y a bien une foule de petites causes d'erreur; mais les moyens de correction ne vous intéresseraient guère; c'est pourquoi je ne vous en entretiendrai pas.

Pour connaître la densité des liquides, on prend l'eau distillée pour unité; et quand on connaît le poids d'un volume d'eau donné, on peut connaître celui des autres liquides en les pesant dans les mêmes flacons. La différence de poids indique la densité. Vous savez que si l'on mêle de l'huile à l'eau, elle surnage ; l'alcool est dans le même cas; tandis qu'un liquide tenant des sels en dissolution sera surnagé par l'eau. On a utilisé la différence des densités pour connaître la pureté de certains liquides dont la densité a été déjà calculée. On se sert pour cela de divers aréomètres. Ce sont de petits instruments qu'on désigne, suivant l'usage auquel ils sont destinés, par les noms de pèse-sels, pèse-acides, pèse-alcool, etc. Un des plus connus est l'aréomètre de Baumé.

— Je le connais, dit Émile.

— Toi, tu es un savant, s'écria Jules.

— J'ai vu un aréomètre chez un marchand d'eau-de-vie ; il s'en servait pour connaître le degré de ses liquides. C'est un petit tube de verre gradué, qui porte à sa partie inférieure une petite boule dans laquelle il y a du plomb, pour que l'instrument puisse se tenir debout dans l'eau. On le plonge dans l'eau-de-vie, et l'on trouve indiqué sur l'échelle le degré qu'elle pèse. Est-ce bien cela, cher papa?

— Oui, mon ami. Tu m'étonnes par tes profondes connaissances.

— Tu as beau rire, je crois que je me suis bien tiré de ma description.

— Sans doute ; aussi mon admiration est sincère. Avant de terminer cette soirée, je vous ferai connaître la différence de densité de certains corps, pour que vous puissiez voir combien ils diffèrent entre eux, sous ce rapport.

L'eau est prise pour 1. Je vous préviens que je ne vous donnerai pas les fractions minimes.

L'or pèse, quand il est forgé. . . .	19
Le mercure.	13
Le plomb, qu'on dit si lourd. . .	11
Le fer.	7
Le marbre.	2,800
L'huile	0,915
L'esprit-de-vin.	0,850
L'éther	0,715

Les gaz varient également entre eux sous le rapport de la densité. L'air étant pris pour 1, les autres gaz présentent les différences suivantes :

Le chlore pèse.	2,4
L'acide carbonique	7,5
L'oxygène.	1,1
L'azote.	0,9
L'hydrogène	0,06

— Je comprends alors pourquoi les ballons s'élèvent si facilement, puisqu'il y a une telle différence entre la densité de l'air et celle de l'hydrogène. Mais le poids réel de l'air, papa, nous as-tu dit ce qu'il est?

— Un litre d'air sec, c'est-à-dire privé de toute l'eau qui s'y trouve mêlée, et à la température de 0°, c'est-à-dire de la glace fondante, pèse environ 1 gramme 30. La même quantité d'eau distillée pèse 1 kilogramme ou 1,000 gram.

— Papa, quand il fait bien chaud, que nous nous plaignons de ce que l'air est lourd, est-il réellement plus pesant qu'à l'ordinaire?

— Plus il est chargé d'humidité, plus il est réellement lourd, quoiqu'il contienne en tout temps de la vapeur d'eau ; ce dont il est facile de s'assurer, même par le temps le plus sec et le plus chaud. En effet, si vous placez sur la table, en plein été, une carafe d'eau fraîche, le verre se couvrira presque aussitôt d'une multitude de gouttelettes, semblables à celles que la rosée met sur les feuilles et sur les fleurs. C'est l'humidité de l'air qui, saisie par le froid de l'eau contenue dans la carafe, se condense et se dépose sur ce vase. Si vous laissez l'eau se réchauffer un peu, les gouttelettes retournent dans l'air à l'état de vapeur, et la carafe se sèche.

Mais si léger que soit l'air, vous n'oublierez pas, mes amis, que, comme il occupe des espaces immenses, il jouit d'une force de pression très-considérable.

— Oui, père, tu nous en as donné des preuves concluantes.

— Je pourrais vous en citer bien d'autres ; mais il y en a encore une que je ne veux pas omettre. C'est le parti qu'on a essayé de tirer de cette puissante pression pour faire marcher rapidement des voitures.

— N'est-ce pas ce qu'on appelle chemin de fer atmosphérique? demanda Victor.

— Oui, mon ami. Si tu sais ce que c'est, apprends-le à tes frères.

— Je l'ai lu, papa, mais je ne l'ai pas assez bien compris pour me charger de le faire comprendre aux autres.

— Eh bien! on fait le vide, au moyen d'une pompe mue par une machine à vapeur placée à l'extrémité d'un long tuyau, assez large pour que des wagons puissent y glisser sur des rails. Ce tuyau forme une espèce de fusil à vent, dans lequel les voitures remplacent la balle. Au-devant des voitures est fixée une porte qui s'adapte à l'intérieur du conduit et s'oppose au passage de l'air qui veut se précipiter pour remplir le vide.

— Mais, papa, il ne doit pas être agréable de voyager dans ce long tuyau. J'aime encore mieux la locomotive, avec son panache de fumée et ses sifflements aigus, dit Emile.

— Tu n'es pas seul de cet avis; aussi, dans les essais qu'on a faits pour perfectionner cette invention, les voyageurs ne sont plus enfermés dans le tube, mais placés à l'extérieur dans des wagons remorqués par une machine qui obéit au mouvement imprimé par la pression de l'air à un piston placé dans le conduit.

Tel est le système du chemin de fer atmosphérique, essayé à Croydon en Angleterre, et à Saint-Germain en France.

— Il paraît qu'on n'en a pas été très-satisfait, puisqu'on y a presque renoncé, dit Victor.

— Je te dirai de ces essais ce que l'illustre Franklin disait de l'invention des aérostats : Que peut-on attendre d'un enfant né d'hier ? Il faut que toute idée se mûrisse, que toute invention se perfectionne, et personne ne peut savoir à quelle époque une invention quelconque deviendra véritablement utile.

Un curieux essai mit en émoi Londres et ses environs, il y a déjà longtemps. Une voiture contenant trois voyageurs courait avec une rapidité extrême, sans autre attelage que deux grands cerfs-volants qui, reliés au véhicule par de longues cordes, étaient chassés par le vent à une grande hauteur. Mais cette idée ne pouvait devenir pratique, les cordages s'embarrassant dans les obstacles placés le long de la route.

Un emploi plus avantageux des propriétés élastiques de l'air est celui qu'on en a fait en préparant des matelas de toile gommée, qui se gonflent au moyen d'un soufflet à soupape. On se sert aussi de l'air pour gonfler des appareils qui permettent à une et même à plusieurs personnes de se soutenir sur l'eau sans s'y enfoncer.

J'aurais encore bien des choses à vous dire de l'air; car il joue un très-grand rôle dans la nature. Vous en avez une preuve incontestable, puisqu'aucun animal ne peut vivre dans un vase où l'on a fait le vide, et que la lumière d'une bougie s'y éteint aussitôt. Sans air, point de vie, point de combustion, et même point de son. Si notre globe n'était pas entouré de ce précieux fluide, il serait condamné à un éternel silence et à des ténèbres éternelles; car la lumière et le son ne se transmettent que par l'intermédiaire de l'air.

— C'est donc pour cela que tu nous as dit, père, que deux personnes placées dans une cloche à plongeur s'entendent à peine, quoiqu'elles parlent haut.

— Oui, mon cher Jules. Si un oiseau pouvait chanter sous le récipient de la machine pneumatique, sa voix ne serait point perceptible. Le même effet se remarque lorsqu'on s'élève sur les montagnes à une hauteur où l'air devient rare; car il faut que vous sachiez que les couches d'air sont moins denses à mesure qu'on s'éloigne de la terre. Si l'on va trop haut, on éprouve à respirer une difficulté toujours croissante; on ressent un étrange malaise ; on ne s'entend plus parler ; et l'air extérieur ne faisant plus équilibre à l'air intérieur, le sang cherche à s'échapper par la bouche, le nez et les oreilles.

— Il est donc bien vrai qu'au lieu d'être un fardeau pour nous, la pression de l'air nous est utile, dit Victor.

— Vous le voyez, mes enfants. Dieu, en plaçant sur cette terre des êtres animés, a dû, dans sa sagesse, veiller à ce que toutes les conditions nécessaires à l'entretien de la vie fussent remplies ; et si notre planète n'avait pas d'atmosphère, la plus indispensable de ces conditions eût fait défaut. Mais la Providence ne commet pas de ces oublis : tout est bon, tout est grand, tout est merveilleux dans ses œuvres.

— Papa, dit Emile, les autres planètes sont-elles aussi baignées dans l'air atmosphérique ?

— On le croit, parce qu'en les examinant à l'aide des instruments les plus perfectionnés, on les voit entourées d'une certaine vapeur. Toutefois, la lune, qu'on peut mieux étudier, puisqu'elle est beaucoup plus rapprochée de nous que les autres astres, est dépourvue d'atmosphère; aussi a-t-on la conviction qu'elle n'est point habitée, puisque le vide au milieu duquel elle est placée condamnerait sa population à une nuit et à un silence semblables à la nuit et au silence du tombeau. De plus, comme c'est à l'air que nous devons la pluie, la rosée, et que le vide a la propriété d'aspirer l'eau, il ne doit point y avoir à la surface de la lune de quoi désaltérer un oiseau, ou rafraîchir une plante desséchée.

— Je comprends bien, papa, dit Jules, qu'une lampe ou une bougie ait besoin d'être alimentée par l'air; mais les habitants de la lune pourraient être éclairés pendant le jour par le soleil.

— Non, mon ami. C'est en traversant les airs que la lumière du soleil nous arrive. C'est l'air qui donne au ciel sa belle teinte bleue; une couche d'air est incolore, mais les innombrables couches d'air superposées forment ce voile transparent et azuré sur lequel Dieu nous semble avoir jeté les étoiles comme autant de pierreries tombées d'un inépuisable écrin.

— Sais-tu, père, que tout ce que tu nous apprends là est très-beau et très-intéressant? dit Emile.

— Oui, mon enfant, je le sais ; et je serai heureux si le peu que je puis vous enseigner vous inspire le désir d'étudier un jour sérieusement le grand livre de la nature, dont on dit que chaque génération tourne un feuillet.

— Papa, le vent n'est-il pas aussi un effet de l'air ? demanda Jules.

— Le vent n'est autre chose que l'agitation de l'air, agitation produite par la chaleur qui le dilate et par le froid qui le resserre. Quand une certaine masse d'air se condense par un refroidissement subit de la température, il se fait dans l'atmosphère un vide dans lequel se précipitent aussitôt de nouvelles couches d'air ; mais si le refroidissement est lent, le vide se remplit peu à peu et le vent est à peine sensible. Une pluie abondante, laissant aussi dans l'air une grande place libre, est ordinairement accompagnée ou suivie d'un vent violent.

Il ne peut jamais y avoir de vide dans l'atmosphère ; aussi l'air est-il toujours agité, même lorsqu'il nous paraît le plus calme ; mais on ne s'aperçoit du vent que quand il fait en une heure à peu près autant de chemin que nous en pourrions parcourir dans le même espace de temps, c'est-à-dire environ quatre kilomètres. Le vent souffle en tempête quand sa vitesse atteint cent kilomètres à l'heure ; lorsqu'elle excède encore ce chiffre, la tempête prend le nom d'ouragan.

Les véritables ouragans sont inconnus dans nos régions ; mais dans la zone torride, ils sont aussi terribles que fréquents.

— Papa, la physique parle-t-elle des orages ? Explique-t-elle comment se produisent le tonnerre et les éclairs ? demanda Jules.

— Assurément. Ce sont les plus habiles physiciens du siècle dernier qui ont découvert l'analogie existant entre l'éclair et l'étincelle électrique.

— De ce nombre était Franklin, l'inventeur du paratonnerre, dit Victor.

— Papa va nous raconter tout cela, reprit Jules.

— Pas aujourd'hui, mon enfant. Notre leçon n'a déjà que trop duré, pour que vous puissiez vous rappeler tout ce que j'ai voulu vous apprendre.

— Non, non, cher papa. Si mes frères ont aussi bien que moi retenu ce que tu nous as dit, nous répéterons presque mot à mot l'entretien de cette soirée, dit Emile.

— Je vous propose pour demain matin, après le déjeuner, une petite promenade pendant laquelle nous essaierons de nous rappeler la leçon de ce soir, reprit Victor. Entre nous trois, nous en viendrons à bout. N'approuves-tu pas mon projet, cher papa ?

— Oui, mon ami, répondit M. Raymond. Je vous accompagnerai et je viendrai en aide à votre mémoire, si elle est infidèle.

III.

Du Calorique. — Thermomètres. — La Réflexion. — L'Absorption. — Chaleur latente de la Vapeur. — La Marmite de Papin. — Les Machines à vapeur.

La répétition eut lieu le lendemain matin. M. Raymond n'eut qu'à se louer de l'attention avec laquelle ses élèves l'avaient écouté; car c'est à peine s'il fut obligé de revenir sur quelques explications imparfaitement comprises.

Les jeunes gens, enchantés de le voir satisfait, attendirent impatiemment une nouvelle leçon.

— Nous allons consacrer cet entretien, mes enfants, à l'étude d'un agent d'un haut intérêt et d'une impérieuse nécessité ; car, s'il cessait d'animer la nature dans laquelle il est abondamment répandu, la vie deviendrait impossible. Cet agent, c'est le calorique.

— Pardon, père ; mais il faut que je te demande pourquoi tu ne dis pas la chaleur, interrompit Jules.

— Parce que la chaleur n'est que la sensation que nous fait éprouver le calorique.

— Le calorique est donc un fluide invisible comme l'air ?

— Oui ; c'est de plus un fluide impondérable, c'est-à-dire un fluide dont on ne peut nier l'existence, parce qu'elle est constatée par divers effets, mais dont on n'a pas encore trouvé le moyen de déterminer le poids ou le volume. Le calorique, la lumière, l'électricité, le magnétisme, sont impondérables. J'ajouterai toutefois que plusieurs savants regardent la lumière comme une modification du calorique.

Le calorique ne peut être, comme l'air, enfermé dans un ballon et soumis à l'appréciation de la balance. Il nous arrive sous forme de rayons lumineux quelquefois, mais le plus souvent invisibles, et dont nous reconnaissons la présence par l'impression de chaleur qu'ils produisent en nous. Il jouit de la propriété de dilater les corps, c'est-à-dire d'en écarter les molécules, de manière à faire passer un corps solide à l'état liquide et de l'état liquide à l'état gazeux. Prenez, par exemple, un morceau de glace, qui soit assez dur pour résister à la pioche ou au marteau; soumettez-le à l'action de la chaleur; il commence par se liquéfier, même à une basse température; et si vous continuez de lui appliquer le calorique, il se vaporise et disparaît dans les airs, sous forme de gaz.

Vous connaissez l'emploi du calorique dans les usages de la vie; ainsi, la cuisson de nos aliments, le chauffage de nos maisons, ne pourraient s'effectuer si le calorique disparaissait. Puis le soleil, cette source de chaleur et de lumière, sans lequel la vie s'éteindrait à la surface du globe, semble être un foyer toujours brûlant, chargé de distribuer la vie dans l'espace, comme le cœur d'envoyer du sang à tous les organes.

— Papa, est-ce que l'on sait ce que c'est que le soleil? demanda Emile.

— Non, mon ami; les conjectures qu'on a hasardées ne nous ont rien appris, et nous n'en sommes pas plus avancés qu'à l'époque où la science était à peine née.

Nous avons de bonne heure compris le besoin de mesurer la chaleur pour en faire une juste et intelligente répartition dans nos opérations industrielles ou scientifiques ; et dans l'impossibilité de pouvoir apprécier certaines températures au moyen de nos seuls organes, nous avons inventé un instrument bien précieux et dont nous ne pourrions nous passer sans retomber à l'état de barbarie : c'est le *thermomètre*, ce petit instrument que je vous vois consulter souvent en été, pour savoir à quel degré s'est élevée la température, afin de pouvoir dire : *Ah! qu'il fait chaud!* et l'hiver, pour vous récrier sur le froid.

L'usage du thermomètre est fondé sur la propriété qu'on appelle dilatabilité. Je viens de vous dire que la chaleur dilate les corps à des degrés différents. On a choisi, pour construire les thermomètres, les corps qui se dilatent le plus, et qui sont le mercure et l'alcool. On les a enfermés dans des tubes portant au bas un renflement qui sert de réservoir ; le liquide, en se dilatant sous l'influence de la chaleur, monte dans le tube, et son élévation augmente avec la température.

Mais pour connaître cette température avec précision, on a divisé le thermomètre en un certain nombre de degrés, et il a fallu, pour éviter toute incertitude, partir d'une base de convention et s'arrêter à un autre point également convenu. Le point de départ est 0°, c'est-à-dire le point où la glace fond naturellement. Pour cela, on plonge le thermomètre dans de la glace fondante, et l'on marque 0°. Puis, en laissant le thermomètre dans un mélange frigorifique, le mercure descend, et l'on indique sur le tube le point où il s'arrête. Il s'agit maintenant de fixer le point supérieur : c'est celui de l'ébullition. On plonge pour cela le thermomètre dans la vapeur d'eau, le tout à une pression barométrique de 76 centimètres. Quand ces deux points extrêmes sont indiqués, on les divise en cent parties égales. C'est notre thermomètre centigrade.

— On l'appelle aussi, je crois, thermomètre de Celsius.

— Tu as raison; Celsius avait en effet divisé l'intervalle qui sépare les deux points extrêmes du thermomètre en cent parties. Réaumur, célèbre physicien français, l'avait divisé en quatre-vingts parties seulement.

Les liquides n'entrent pas tous en ébullition à la même température, de sorte qu'il faut, pour arriver à des résultats semblables, une température et une pression semblables. Plus les liquides sont denses, plus il leur faut, pour bouillir, une température élevée.

On s'est, dans ces derniers temps, servi de cette propriété pour mesurer les hauteurs, à la place du baromètre, qui est très-embarrassant, à cause de sa longueur et de sa facilité à se briser. On peut, en déterminant le degré où a lieu l'ébullition de l'eau, préciser l'élévation à laquelle on se tient, puisque plus on s'élève, moins il faut de degrés pour que l'eau entre en ébullition, la pression atmosphérique diminuant avec les hauteurs.

Pour vous familiariser avec certains termes de la science, je vous dirai que la mesure des hauteurs au moyen des instruments de physique s'appelle *hypsométrie*.

— Papa, comment a-t-on pu constater que le calorique n'a pas de pesanteur ? dit Jules.

— Tu veux dire est impondérable, reprit Emile.

— On a constaté l'impondérabilité ou l'absence de poids du calorique par une expérience très-ingénieuse. On met de l'eau dans un flacon bouché à l'émeri.

— Qu'est-ce qu'un flacon bouché à l'émeri ?

— Mon ami, c'est un flacon ayant un bouchon de verre qu'on a ajusté, pour qu'il ferme mieux, au moyen d'émeri. On use le verre en le faisant entrer dans le col du flacon, et les deux surfaces finissent par s'appliquer parfaitement l'une sur l'autre. Je disais donc qu'on met de l'eau dans ce flacon ; on fait arriver sous l'eau, au moyen d'un tube, de l'acide sulfurique ; cet acide étant plus pesant, l'eau reste au-dessus du vase comme l'huile d'une veilleuse reste au-dessus de l'eau. On a soin de ne pas agiter le flacon, pour empêcher le mélange des deux liquides. Quand on en retire le tube, on bouche le flacon, et on le secoue : les deux liquides se mêlent, et il commence à se dégager une chaleur extraordinaire, telle que la main a peine à la supporter. On vérifie le poids du flacon, déterminé au moyen de balances parfaitement justes. Quand le calorique se dégage, on fait une nouvelle pesée, et l'on arrive à constater qu'il n'a pas augmenté d'un millième de gramme, ce qui prouve que le calorique n'a pas de poids.

Pour démontrer que le calorique se dégage sous forme de rayons, on chauffe un boulet de canon au rouge, et on l'entoure à distances égales de thermomètres, que le rayonnement fait monter d'une égale quantité. Je n'ai pas besoin de vous dire, vous le comprenez déjà, que le rayonnement du calorique est en raison inverse de la distance : plus les objets sont éloignés, moins il y a de puissance.

Une autre propriété de cet agent subtil, qui ne se laisse enfermer dans aucun espace, mais qui pénètre tous les corps, c'est d'être réfléchi par les surfaces polies ; ce qu'on appelle *réflexion*. En faisant réfléchir la chaleur par une plaque de métal, elle la renvoie et la communique aux corps voisins. Les plaques de nos cheminées en sont la preuve. C'est sur la théorie de la réflexion que sont fondés les divers appareils de chauffage destinés à répandre la chaleur dans nos appartements. Plus la puissance de réflexion des surfaces polies est grande, plus le calorique est réfléchi avec force, et plus la chaleur se propage. L'influence de la réflexion est telle, que si l'on fait réfléchir par un miroir les rayons qui s'échappent d'un boulet rouge, on enflamme un morceau d'amadou qu'on met au foyer du miroir.

Je crois avoir dans mon cabinet un petit instrument nommé *thermoscope* ou *thermomètre différentiel*, qui sert à faire connaître les plus faibles rayonnements du calorique. C'est Rumfort qui l'a inventé.

Le pouvoir émissif du calorique est la quantité de chaleur qui est émise ou rayonnée par un corps quelconque. Cette propriété varie suivant les corps ; ainsi, tandis que les métaux, tels que l'or et le fer, ont un pouvoir émissif de 12° à 15°, l'eau en possède un de 100°.

Une propriété d'une grande importance dans l'application, est l'*absorption*, c'est-à-dire la susceptibilité qu'a un corps quelconque de se pénétrer, de s'imbiber de calorique. Les corps qui rayonnent le mieux sont également ceux qui absorbent le mieux. La nature, le poli, la couleur, influent beaucoup sur cette propriété. Ainsi, si l'on veut qu'un vase se pénètre promptement de chaleur, il faut qu'il soit terne ; si l'on veut, au contraire, qu'il conserve longtemps sa chaleur, il faut qu'il soit poli et brillant. Une cafetière d'argent bien polie conservera très-longtemps chaud le liquide qu'on y versera ; tandis que si on le dépose dans un vase terne et de couleur obscure, il se refroidira promptement. C'est donc à tort que les domestiques entretiennent si brillantes et si polies les casseroles de cuivre; c'est aux dépens de l'économie de charbon et de temps; car, à quantités égales d'eau, une casserole de cuivre polie exige plus de calorique pour s'échauffer qu'une casserole de fonte noire et à surface inégale et raboteuse.

On a raison, lorsqu'on veut promptement échauffer un appartement, de se servir de poêles noirs, tels que ceux de fonte, parce qu'ils rayonnent facilement le calorique dont ils sont pénétrés. C'est pourquoi dans les prisons, les corps de garde, les hôpitaux, et partout enfin où l'on veut des appareils de chauffage dont le pouvoir émissif soit considérable, on se sert de poêles de fonte. C'est aussi pour cela qu'on a introduit chez nous les calorifères en tôle noircie. Mais si l'on veut des poêles qui, en émettant leur calorique, conservent encore longtemps la chaleur, il faut se servir de poêles de faïence. Ces derniers appareils sont préférables à tous les autres, quand on peut se dispenser de sacrifier à l'usage qui répudie les tuyaux parce qu'ils déparent un appartement. On obtient, au moyen d'une certaine longueur de tuyaux noirs et ternes, — je n'entends pas parler des tuyaux de cuivre polis — un prompt rayonnement et beaucoup de chaleur ; tandis que le fourneau étant blanc et poli, conserve longtemps la chaleur et ne l'émet que lentement.

En été, les vêtements blancs sont plus frais que les vêtements de couleur, surtout les vêtements noirs ; ils émettent le calorique ou le dispersent par rayonnement, avant qu'il ait pu pénétrer jusqu'au corps. Un vêtement noir, de laine surtout, ayant une surface raboteuse, absorbe le calorique, et tient beaucoup plus chaud. C'est à tort qu'on a porté en hiver des surtouts blancs, et que, dans nos cérémonies, nous sommes vêtus de noir, quelque grande que soit la chaleur.

Pour déterminer la différence qu'il y a entre le pouvoir absorbant des diverses couleurs, on s'est couvert un bras avec une étoffe blanche, l'autre avec une étoffe noire, et l'on s'est exposé au soleil le plus ardent. Le bras couvert de cette dernière étoffe a été si fortement impressionné par le calorique, qu'il s'est couvert d'ampoules, tandis que l'autre ne ressentait qu'une chaleur modérée.

Dans certaines parties de l'Europe, on répand

sur la neige de la terre noire pour en hâter la fonte.

Une expérience fort intéressante sur l'équilibre du calorique, est celle qui sert à mesurer la quantité de chaleur nécessaire pour fondre un poids de glace déterminé ; ainsi, dans 1 kilogramme d'eau à 90°, on met 1 kilogramme de glace. Quand elle est fondue, on trouve 2 kilogrammes d'eau à 7° 5, ce qui représente 15° pour les 2 kilogrammes ; il y en a donc 75° qui ont servi à fondre la glace. Quelle que soit la température de l'eau qu'on emploie pour fondre la glace, on obtient toujours le même résultat, de sorte que pour liquéfier un poids de glace à 0°, il faut autant de chaleur que pour porter à 75° une égale quantité d'eau.

Le calorique tend toujours à se mettre en équilibre dans tous les corps. Si vous posez votre main sur un morceau de marbre, vous éprouvez une sensation de froid, qui augmente en raison de la durée du contact, parce que le marbre soustraira le calorique de cette main jusqu'à ce qu'il ait atteint la même température. L'effet contraire aura lieu, si vous touchez un objet plus chaud que votre main ; elle s'échauffera jusqu'à ce que sa température et celle de cet objet soient égales.

Si nous entrons l'hiver dans un appartement bien chauffé, nous éprouvons une sensation agréable; et si nous y restons, nous nous réchauffons peu à peu, le calorique tendant à se mettre en équilibre dans tous les corps.

— Papa, permets-moi une question, dit Victor. Le plus haut point du thermomètre est la température de l'eau bouillante; mais si l'eau bout longtemps, elle continue sans doute à s'échauffer ?

— Non, mon ami ; une ébullition prolongée n'ajoute rien à la chaleur de cette eau ; elle produit seulement une plus grande quantité de vapeur.

— Et la vapeur est-elle aussi chaude que l'eau bouillante ? Je le crois ; car, en découvrant la marmite, pour faire croire à Madeleine que j'y voulais jeter une poignée de sel, j'ai reçu sur les doigts un jet de vapeur qui me les a brûlés.

— La vapeur marque 100° au thermomètre; mais elle possède en outre ce qu'on nomme la chaleur latente. On en a la preuve; car il est évident que si la vapeur d'eau n'avait que 100°, elle en perdrait la moitié en passant à travers une quantité d'eau qui lui serait égale en poids. Ainsi, en faisant arriver 1 kilogramme de vapeur d'eau dans 1 kilogramme d'eau à la température de la glace fondante, on devrait avoir 2 kilogrammes d'eau à 50°. Le résultat est bien différent, puisque 1 kilogramme de vapeur suffit pour porter à l'ébullition plus de 5 kilogrammes d'eau froide.

On utilise cette puissante chaleur en faisant servir la vapeur d'eau au chauffage des maisons, des serres et des bains. Au lieu d'appliquer directement la chaleur à une grande masse de liquide, on a trouvé plus économique d'employer la vapeur. On a besoin, pour cela, d'un foyer et d'un réservoir plus petits, et la vapeur, en se mêlant à l'eau froide, en élève la température. Vous pensez bien que s'il fallait chauffer directement la quantité d'eau consommée chaque jour dans les bains publics, il faudrait des appareils gigantesques; au lieu de cela, le fourneau est moyen, et le réservoir médiocre. On a seulement un grand réservoir qui contient l'eau froide, et dans lequel on fait arriver l'eau en vapeur, ou bien on fait traverser le réservoir par des tuyaux de métal qui sont parcourus par la vapeur. C'est le même procédé qu'on emploie chaque fois qu'on a, comme dans certaines usines, plusieurs centaines d'hectolitres d'eau à chauffer à la fois.

On a appliqué la vapeur d'eau au chauffage des appartements, des serres, des ateliers, pour éviter la fumée et les dangers de l'incendie. Pour les appartements, on fait circuler l'eau chaude dans des tuyaux; dans les serres, on se sert d'un appareil appelé *thermosiphon*, qui ramène l'eau dans la chaudière, après qu'elle a parcouru, en l'échauffant, toute l'étendue des tuyaux.

La marmite de Papin donne une idée de l'emploi de la vapeur, dont l'illustre anglais Watt a fait une si heureuse application. On a donné le nom de digesteur à cet appareil, doué d'une telle puissance, que la vapeur qui s'y développe dissout les os qu'on y met et suffit pour faire, en une demi-heure, cuire complétement la viande la plus dure.

— Comment cette marmite est-elle construite ?

— Rien de plus simple ; c'est une marmite de cuivre fermée hermétiquement par un couvercle maintenu par une vis de pression, qui l'empêche de se soulever. Une soupape qui se lève quand la pression de la vapeur est trop forte, empêche l'appareil d'éclater.

— La vapeur la ferait éclater? dit Emile.

— Sans doute : quelque épaisse que fût la marmite, si elle n'était pas munie d'une soupape, elle éclaterait dès que la tension de la vapeur aurait vaincu la résistance que lui opposerait le métal.

On a essayé de construire des canons à vapeur, qui lançaient fort loin des boulets de gros calibre ; mais ces appareils étaient trop compliqués pour qu'on pût les employer en campagne ; ils seraient utiles seulement dans les places, si l'on n'avait pas à la fois l'embarras d'une machine à vapeur appliquée au canon, et la crainte d'accidents terribles. C'est un Anglais, nommé Perkins, qui a inventé ces machines de guerre. Peut-être un jour s'en servira-t-on, après les avoir perfectionnées.

Je vais maintenant vous parler des machines à vapeur. Vous avez assez de fois circulé sur nos chemins de fer, vu nos bateaux à vapeur, parcouru avec moi les usines où l'on fait usage de la vapeur comme force motrice, pour apprécier toute l'importance de cette application.

— Aujourd'hui, dit Victor, tout marche par la vapeur : les moulins, les scieries, les filatures de laine et de coton, les fabriques de draps, de toile, de bougie, les forges, les raffineries, les distilleries.

— Sans compter les wagons et les vaisseaux, ajouta Emile.

— Oui, mes enfants, la vapeur est devenue le moteur universel de l'industrie. C'est la force productrice par excellence ; et si elle nous était enlevée, il nous serait impossible de calculer le nombre et la grandeur des privations que nous aurions à subir.

— C'est cependant une invention toute moderne, dit Victor. Si elle n'eût pas été faite, nous nous en passerions, comme s'en passaient nos aïeux.

— Il le faudrait bien, mon ami ; mais nous en souffririons plus qu'ils n'en souffraient ; car notre situation serait celle d'un homme riche subitement devenu pauvre. Je n'en veux pour preuve que l'ennui avec lequel nous montons en diligence, quand il n'existe pas de ligne ferrée pour nous conduire où nous voulons aller. N'avons-nous pas même entendu des gens se plaindre de la prétendue lenteur avec laquelle les entraînait la locomotive ? Que serait-ce donc, s'il nous fallait revenir au bon vieux temps où les voitures n'étaient traînées que par des chevaux, et où les matières premières n'étaient mises en œuvre que par la main de l'homme? Nous serions obligés de renoncer au bien-être qui nous entoure; car les produits industriels, devenant peu nombreux, atteindraient bientôt des prix exorbitants.

— Tu dis, père, que c'est à Denis Papin que nous sommes redevables de cette belle invention?

— Cette belle invention, ou plutôt cette magnifique application de la force de la vapeur, n'a pas été l'œuvre d'un seul homme, mais de plusieurs savants, dont les premiers ont frayé la route aux autres. Je vous ai parlé de Torricelli et de ses expériences sur la pression de l'air. La découverte de la pesanteur de l'air a été le premier pas fait dans cette voie. Pascal continua les travaux de Torricelli; et peu de temps après, Louis XIV ayant voulu faire amener les eaux de la Seine dans les bassins de Versailles, l'abbé de Hautefeuille imagina de plonger dans l'eau un tube qui s'adaptait à une caisse dans laquelle on faisait le vide, en y brûlant de la poudre à canon. Le succès fut médiocre; mais un autre savant, le Hollandais Huyghens, remplaça la caisse par un tube dans lequel glissait un piston bien ajusté. On brûlait de la poudre à la partie inférieure du cylindre pour en chasser l'air, qui s'échappait au moyen d'une soupape ; le vide étant ainsi fait, le piston descendait sous la pression de l'air extérieur. Une corde attachée à ce piston faisait monter un poids à mesure qu'il descendait.

La machine marchait mieux que celle de l'abbé de Hautefeuille ; mais elle était encore très-imparfaite, et la poudre en rendait l'emploi dangereux. Denis Papin, tout jeune encore, avait abandonné l'étude de la médecine pour partager les travaux du célèbre Huyghens. Doué d'une rare aptitude pour les sciences, il offrait au maître un concours précieux ; mais, après la révocation de l'édit de Nantes, il quitta la France ; car il était protestant et ne voulait pas se faire catholique.

Il continua ses recherches loin de sa patrie, et, cinq ans après l'avoir abandonnée, il construisit un cylindre muni d'un piston, sous lequel il fit arriver de la vapeur d'eau. La force de dilatation de cette vapeur fit monter le piston, et, en se condensant ensuite par le froid, elle produisit un vide qui le força de redescendre, sous l'effort de la pesanteur de l'air.

Un cylindre dans lequel la vapeur fait mouvoir un piston, est encore, après tous les perfectionnements qu'elle a reçus, le système de la machine à vapeur. Vous voyez donc, mes amis, que nous pouvons revendiquer pour Denis Papin, notre compatriote, l'honneur de cette grande découverte.

— Mais, papa, dit Victor, tu ne nous parles pas de Salomon de Caus. Il me semble pourtant avoir lu, je ne sais plus dans quel ouvrage, que cet homme de génie, le premier qui ait imaginé d'appliquer la vapeur à l'industrie, devint fou du chagrin de se voir méconnu et raillé, ou fut peut-être seulement considéré comme fou par ceux qui ne pouvaient le comprendre. Toujours est-il, dit ce livre, que le pauvre inventeur fut enfermé à Bicêtre, et y finit ses jours dans le désespoir.

— J'ai lu cela aussi, mon ami ; mais si touchant que soit ce récit, ce n'est qu'une légende à laquelle il ne faut point ajouter foi. Il est vrai que Salomon de Caus, architecte normand, dédia à Louis XIII un ouvrage dans lequel il disait qu'on pourrait par la vapeur d'eau mettre en mouvement les voitures et les vaisseaux; mais de là à en indiquer le moyen, il y avait bien loin. Je crois sans peine que ce savant homme, annonçant des choses si merveilleuses, fut pour tous un objet de raillerie; mais on ne le persécuta point; et la preuve qu'il ne fut pas enfermé à Bicêtre en 1641, comme le raconte la légende, c'est qu'il était mort en 1630.

— Tant mieux, dit Victor; une si triste fin m'avait fait de la peine. Il y a eu cependant des hommes de génie rendus bien malheureux par l'injustice de leurs contemporains.

— Oui, il y en a eu plusieurs; et il est à remarquer que rarement la fortune et les honneurs sont le partage des inventeurs. Bien souvent on regarde leurs idées comme les rêveries d'un cerveau malade. Ils se ruinent en essais infructueux, et n'obtiennent ensuite qu'une railleuse et insultante pitié.

— Cinquante ans après la publication du livre de Salomon de Caus, un Anglais, le marquis de Worcester, prétendit avoir trouvé le secret de faire fonctionner par le feu une puissance sans bornes, qui ne pouvait être que la vapeur de l'eau bouillante. Mais personne que lui n'ayant parlé de l'admirable machine qu'il avait inventée, il est permis de douter qu'elle ait jamais existé. Quant à celle de Papin, non-seulement il en donna une description exacte, mais il la fit fonctionner à bord d'un bateau que lui-même avait fait construire. Le piston, manœuvrant dans le cylindre sous l'effort de la vapeur, mettait en mouvement des rames ou palettes qui faisaient marcher l'embarcation.

— Mais alors c'est Denis Papin qu'on doit regarder comme l'inventeur des bateaux à vapeur? dit Emile.

— C'est lui qui essaya le premier d'appliquer à la propulsion des navires la puissance de la vapeur d'eau ; mais ce n'était qu'un essai. La gloire d'avoir résolu le problème de la navigation par la vapeur appartient à l'Américain Fulton.

— Denis Papin n'eut donc pas le temps de perfectionner la machine qu'il avait inventée ? demanda Victor.

— Il l'avait construite en Allemagne, et son projet était de retourner en Angleterre par la mer du Nord. Mais quand il voulut entrer dans le Weser avec son bateau, les mariniers de ce fleuve, auxquels sa pauvreté ne lui permit pas de payer le droit exigé, s'élancèrent, furieux, sur son petit bâtiment et le mirent en pièces, malgré sa douleur et ses prières. Papin, découragé par cet acte de brutalité, qui le ruinait complétement, ne put ni ne voulut entreprendre de nouvelles recherches. Quand il rentra en Angleterre, une machine à vapeur destinée à pomper l'eau des mines avait été construite par Thomas Savery.

De simple ouvrier mineur, Savery était devenu ingénieur. Il cherchait depuis longtemps le moyen d'épuiser promptement l'eau qui souvent faisait irruption dans les mines, quand il entendit parler de la machine de Papin. Il résolut d'appliquer à son projet la force de la vapeur d'eau; mais il abandonna le cylindre et le piston pour un système de tubes et de soupapes au moyen desquels l'eau montait, après que la vapeur condensée laissait les tubes vides d'air. Pour opérer plus vite cette condensation, il eut l'ingénieuse idée de faire arriver sur le récipient un jet d'eau froide.

— Pardon, père, je ne comprends pas très-bien, dit Jules.

— Tu as raison, mon enfant, de ne pas me laisser passer outre; car tout le système de la machine à vapeur repose là-dessus. Tu sais que la vapeur possède une grande puissance d'expansion, c'est-à-dire que l'eau réduite en vapeur occupe un très-grand espace, et que, quand cet espace lui manque, elle triomphe de tous les obstacles.

— Oui, puisqu'elle peut faire voler en éclats une chaudière de métal, si elle ne trouve pas d'issue pour s'échapper.

— Eh bien! la vapeur, arrivant dans le cylindre de Papin ou dans les tubes de Savery, soulevait le piston ou les soupapes qui lui faisaient obstacle; mais ce piston et ces soupapes demeuraient ouverts jusqu'à ce que, le vide se faisant au-dessous, la pression de l'air extérieur les obligeât à retomber.

— Jusqu'à présent ce jeu de la vapeur et de l'air me paraît parfaitement clair.

— Ce qu'il me reste à vous dire ne l'est pas moins. Pour que le piston, dont on se sert aujourd'hui, puisse fonctionner d'une manière prompte et régulière, il faut qu'après l'avoir chassé à l'extrémité supérieure du cylindre, la vapeur laisse vide l'espace qu'elle remplissait, puisque c'est seulement quand cet espace est vide que le piston peut retomber. La vapeur, en se refroidissant, redevient de l'eau; sous cette forme, elle n'occupe plus dans le cylindre qu'une place tout à fait insignifiante. Tu comprends donc, mon cher Jules, qu'en faisant arriver de l'eau froide sur le tuyau qui contient la vapeur, on rend libre aussitôt l'espace qu'elle occupait. Le piston redescend; un nouveau jet de vapeur le fait remonter aussitôt.

— Et le vide s'opérant encore une fois par la condensation de la vapeur, il retombe pour être soulevé de nouveau, et toujours ainsi.

— Le mouvement de va-et-vient continue tant que l'eau s'élève en vapeur et que la vapeur retombe en eau; car vous savez bien, quoique je ne vous l'aie pas dit, que toute machine à vapeur est pourvue d'une chaudière sous laquelle on entretient assez de feu pour que l'eau bouille constamment.

— Oui, père, dit Victor. Cette chaudière est appelée générateur, parce que c'est elle qui produit la vapeur sans laquelle la machine ne marcherait pas.

— Très-bien ! reprit M. Raymond. Revenons à l'invention de Savery. Son système de tubes et de soupapes fut adopté dans plusieurs mines et produisit d'assez bons résultats. Mais comme il fallait élever les eaux très-haut, beaucoup de vapeur était nécessaire; et les parois du récipient étant assez minces pour qu'on pût les refroidir promptement, il arrivait souvent des explosions.

Deux bons ouvriers de Darmouth, l'un forgeron, l'autre vitrier, prenaient un vif plaisir à voir fonctionner cette machine. Toutefois, après l'avoir naïvement admirée, ils en découvrirent les défauts. Ils n'eurent pas d'abord la prétention d'y remédier; mais une heureuse conjoncture les ayant mis à même d'examiner la machine de Papin, ils trouvèrent que le piston glissant dans le cylindre était préférable aux tubes et aux soupapes. Ils construisirent donc une nouvelle machine, d'après les principes du docteur français; ils empruntèrent à Savery le jet d'eau froide qui hâtait la condensation de la vapeur, et bientôt ils réalisèrent un grand progrès en faisant arriver cette eau froide dans le cylindre même; ce qui permit d'en faire les parois plus épaisses et de rendre par conséquent les accidents plus rares. Ils adaptèrent aussi à leur chaudière la soupape de sûreté dont Papin avait eu le soin de munir la marmite que je vous ai citée comme sa première invention.

La machine de Newcomen et Cawley (ainsi se

nommaient les deux intelligents ouvriers) fut la seule employée en Angleterre pendant cinquante ans. Elle y rendit de grands services pour l'épuisement de l'eau dans les mines, et prit de cet usage le nom de pompe à feu, qu'elle portait encore lorsqu'elle fut introduite en France par Constantin Perier, après avoir été perfectionnée par James Watt.

— Papa, dit Jules, je comprends très-bien qu'un jet de vapeur fasse monter le piston, et que, cette vapeur diminuant énormément de volume en redevenant liquide, le piston retombe dans le vide sous la pression de l'air extérieur; mais je ne vois pas comment le va-et-vient du piston peut épuiser l'eau des mines.

— Rien cependant n'est plus facile à comprendre. Suppose que le piston montait et descendait de douze à quinze fois par minute et qu'il communiquait ce mouvement à une pompe à laquelle il se reliait par une forte chaîne. C'était donc de douze à quinze coups de pompe, sous l'effort desquels l'eau montait et se déversait hors de la mine. Pour utiliser le va-et-vient du piston, qui est réellement la cheville ouvrière de la machine à vapeur, il suffit de le mettre en communication avec les rouages qu'il doit faire mouvoir et qui varient selon les industries auxquelles la vapeur est appliquée.

— Voilà ce que j'aurais dû deviner. Je te remercie, papa, de me l'avoir expliqué.

— Tu dis, père, reprit Victor, que la machine des deux ouvriers anglais fut perfectionnée par James Watt. Qu'y manquait-il donc encore ?

— Chacun, alors, pensait comme toi, mon cher Victor, qu'il serait presque impossible de modifier avantageusement la pompe à feu. Mais James Watt, qui, par de laborieuses études et de patientes recherches, était devenu un ingénieur habile, après n'avoir été d'abord qu'un simple artisan, ayant été chargé par les professeurs de l'Université de Glascow de réparer le modèle d'une machine de Newcomen qu'on n'avait jamais pu faire marcher, reconnut que la pompe à feu, telle qu'elle était alors, ne donnait pas tous les résultats qu'on pouvait attendre de son puissant moteur. La grande dépense de combustible qu'elle nécessitait attira d'abord l'attention de James. Il comprit que le jet d'eau froide qu'on faisait arriver dans le cylindre occasionnait une perte de chaleur, qu'on éviterait si l'on parvenait à conduire cette vapeur dans un compartiment séparé, où elle se liquéfierait après avoir produit son effet. Il adapta donc à l'extrémité inférieure du cylindre un robinet communiquant avec une caisse refroidie par un jet d'eau continu; et ce robinet s'ouvrant aussitôt que la vapeur avait soulevé le piston, elle s'y précipitait et s'y liquéfiait sans qu'il fût nécessaire de chauffer outre mesure pour réparer une perte qui n'existait plus.

Un autre perfectionnement plus sérieux encore fut ensuite réalisé par James Watt. Vous savez que jusque-là le piston chassé par la vapeur en haut du cylindre retombait sous l'effort de la pression de l'air; l'ingénieur anglais supprima cette pression, et, en faisant arriver alternativement la vapeur au-dessus et au-dessous du piston, il obtint un mouvement plus prompt, plus égal, et par conséquent une plus grande somme de travail.

Une seule difficulté restait, mais ce n'était pas la moindre : il fallait faire adopter la nouvelle machine par les propriétaires des mines. Watt seul n'y eût peut-être pas réussi. C'était un homme de génie; mais il n'entendait pas grand'-

chose aux affaires d'argent. Il eut le bonheur de trouver dans Matthieu Boulton un habile associé, qui l'aida puissamment à tirer parti de ses belles inventions. De grands ateliers de construction furent ouverts par la maison Watt et Boulton, qui reprenait les anciennes machines, se chargeait de les remplacer par des nouvelles, qu'elle installait même à ses frais, et ne demandait pour toute rétribution qu'un tiers des économies réalisées annuellement sur le combustible nécessaire aux machines de Newcomen.

Ces conditions furent acceptées avec reconnaissance par la plupart des propriétaires de mines; mais bientôt ils s'aperçurent que les deux associés touchaient des sommes bien plus considérables que celles qu'ils auraient pu raisonnablement exiger pour prix de leurs machines.

— Cependant, interrompit Victor, s'ils ne touchaient qu'un tiers des sommes économisées, les deux autres tiers restaient au propriétaire, qui devait s'estimer fort heureux de réaliser d'aussi belles économies.

— Sans doute; mais l'homme n'est jamais content, et l'inventeur de la nouvelle machine eut à soutenir une foule de procès, qui lui firent perdre un temps précieux. Il les gagna cependant, et il finit par jouir en paix de la fortune qu'il devait à son génie.

— Papa, est-ce donc la machine de Watt qui est employée sur les chemins de fer ? Est-ce à lui que l'on doit de voyager maintenant avec tant de rapidité ?

— La machine de Watt ne fut employée jusqu'au commencement de notre siècle qu'à épuiser l'eau dans les mines. En la perfectionnant de nouveau, James la rendit applicable à toutes les industries. Cependant, comme il faut, pour l'installer, une place considérable, il eût été difficile, pour ne pas dire impossible, de l'utiliser sur les chemins de fer. Mais puisque l'histoire de ces inventions vous intéresse, rien ne m'empêchera d'employer notre prochaine soirée à vous dire par quelle succession de travaux on est arrivé à réaliser le problème de la navigation et de la traction des voitures à l'aide de la vapeur.

IV.

De la Navigation par la Vapeur. — Le Marquis de Jouffroy. — Robert Fulton. — Charles Dallery. — L'Hélice. — Frédéric Sauvage. — Les Chemins de fer. — Olivier Ewans. — Georges Stephenson. — Séguin. — Les Locomotives.

— Papa, dit Emile, tu nous as promis hier de nous parler de la navigation par la vapeur. Tu oublies donc que Denis Papin avait trouvé le moyen de faire marcher le bateau que les méchants mariniers du Weser mirent en pièces sous ses yeux ?

— Non, mon enfant. C'est bien Denis Papin qui construisit le premier bateau à vapeur ; mais sa machine était trop imparfaite pour qu'on pût regarder comme accomplie la découverte de la navigation par la vapeur. En France, on aimait peu les machines dont les Anglais se prétendaient les inventeurs. Ce fut seulement en 1769 qu'on vit fonctionner à Chaillot une pompe à feu sortie des ateliers Watt et Boulton. Elle était destinée à élever assez les eaux de la Seine pour qu'elles pussent être distribuées dans tous les quartiers de Paris.

— Mais, papa, tu nous as dit qu'on ne peut élever les eaux dans les tuyaux de pompe qu'à la hauteur de trente-deux pieds, c'est-à-dire d'un peu plus de dix mètres, dit Victor.

— Oui, mon ami; mais l'eau réduite en vapeur s'élève jusqu'à ce que le froid la condense et la ramène à l'état liquide. C'était de la vapeur liquéfiée que la pompe de Chaillot répandait dans Paris. Cette eau était donc très-pure; mais les Parisiens ne voulaient pas que la pompe venue d'Angleterre pût produire rien de bon. Toutefois, malgré le préjugé, la machine de Watt avait des admirateurs. De ce nombre était le marquis de Jouffroy, gentilhomme franc-comtois, qui sacrifia ses belles années et sa fortune à chercher le moyen d'adapter cette machine à la navigation.

Il construisit, à Lyon, un bateau à vapeur qui remonta la Saône sous les yeux d'une foule immense. Mais pour tirer parti de cette invention, il aurait eu besoin d'un riche associé, et il ne le trouva pas. La Révolution vint ; il émigra comme la plupart des nobles ; toutefois, il refusa d'aller en Angleterre exploiter sa découverte.

En 1816, un an après la rentrée des Bourbons, Jouffroy lança sur la Seine un bateau à vapeur, qui marcha d'une manière assez satisfaisante. Une compagnie s'étant formée pour lui faire concurrence, il s'ensuivit des procès qui achevèrent de le ruiner, et il finit par entrer aux Invalides en 1830.

A cette époque, le problème qu'il avait si longtemps poursuivi avait été complétement résolu par Robert Fulton, Américain, d'origine irlandaise. Fulton était peintre ; mais à Londres, où il était allé pour se perfectionner, il abandonna l'art pour la science, et proposa tour à tour aux deux gouvernements de France et d'Angleterre des projets qui ne furent point adoptés. Ses divers travaux ne l'empêchant pas de continuer ses études sur les bateaux à vapeur, il en fit construire un, qui sombra sous le poids de la machine, puis un autre, qu'il eut la joie de voir descendre la Seine et la remonter avec une grande facilité.

C'était en 1803. Bonaparte, premier consul, rêvait alors, dit-on, une expédition en Angleterre. Fulton lui offrit d'y transporter les troupes sur des bateaux à vapeur. Napoléon ne répondit que par un refus.

— Et il dut regretter amèrement de n'avoir point ajouté foi aux promesses de l'ingénieur américain, dit Victor, quand les Anglais le conduisirent à Sainte-Hélène ; car il aperçut de loin un bateau à vapeur, le *Fulton*. Il ne dit rien ; mais il cacha sa tête dans ses mains, et une larme s'échappa de ses yeux.

— Voilà, mon ami, encore une légende qu'il faut mettre avec celle de Salomon de Caus. Il est vrai que Napoléon ne devina pas l'avenir réservé à la navigation par la vapeur ; il est vrai encore que cette découverte pouvait changer la face des choses en Europe ; mais il y avait déjà longtemps que le prisonnier de Sainte-Hélène était mort quand l'invention de Fulton fut pour la première fois appliquée avec succès aux voyages de long cours.

Fulton, retourné en Amérique, ne s'était d'abord occupé que de la navigation fluviale. Il avait ensuite construit, pour la défense du port de New-York, une frégate de trente canons, armée de faux et de balistes, qu'une puissante machine devait mettre en mouvement; mais ce bâtiment était trop lourd pour s'aventurer loin des côtes.

— Fulton vécut-il assez, demanda Jules, pour recueillir le fruit de sa découverte ?

— Oui, répondit M. Raymond. Il lutta longtemps contre toutes sortes de difficultés, surtout contre le manque d'argent. Ses historiens racontent qu'il pleura en recevant du premier voyageur qui se fût hasardé sur son bateau le prix du passage. Enfin, il devint riche et célèbre. Sa mort, arrivée en 1815, fut un deuil pour sa patrie, dont il avait doublé la prospérité, en créant entre les diverses provinces des communications regardées jusque-là comme impossibles.

— Ainsi, père, Denis Papin et le marquis de Jouffroy sont restés pauvres et ignorés, tandis que James Watt et Fulton ont eu en partage la gloire et la fortune ?

— Oui; toutefois il est juste de dire que Fulton lui-même reconnut les droits de M. de Jouffroy au titre d'inventeur des bateaux à vapeur. Pendant que l'ingénieur américain faisait construire à Paris son bateau d'essai, un Français, dont le nom ne doit pas être oublié, faisait aussi travailler à un petit bâtiment que la vapeur devait mettre en mouvement. Entre les deux embarcations, il y avait une très-grande différence : celle de Fulton avait des roues comme un chariot, tandis que l'autre devait marcher à l'aide d'un arbre tournant placé à l'arrière du bateau. Les savants n'eurent point à se prononcer entre ces deux systèmes. Charles Dallery, l'auteur du second, plus pauvre encore que Fulton, ne put achever son œuvre et fut obligé de vendre pièce à pièce les débris du bateau pour payer ses ouvriers.

— Papa, nous n'avons jamais entendu parler de Charles Dallery, dit Emile.

— Cela n'a rien d'étonnant : l'oubli est ordinairement le partage des hommes de génie qui ne peuvent, faute d'argent, mener à bien leurs entreprises. Ce qui rendait difficile l'application de la vapeur à la navigation, c'était surtout le choix d'un propulseur.

— Papa, voilà un mot qui demande à être expliqué.

— Le propulseur d'un bateau est l'agent auquel le piston communique le mouvement. Fulton, après de nombreuses expériences, choisit les roues à aubes. C'était en effet ce qu'il y avait de mieux pour la navigation fluviale. Mais pour les voyages au long cours, les roues à aubes présenteraient de graves inconvénients. Les vents et les flots, couchant souvent le navire sur l'un de ses flancs, font disparaître une des roues, tandis que l'autre s'agite vainement dans les airs. D'ailleurs, elles occupent tant de place, qu'elles obligent les constructeurs à donner aux bâtiments des proportions qui gênent la manœuvre dans les passages étroits.

— Cela est très-facile à comprendre, dit Jules.

— Pour les navires de guerre, les inconvénients sont encore plus grands ; car deux coups de canon suffisent pour briser ces roues qui offrent un point de mire excellent.

— Et quand les roues sont brisées, le vaisseau est pris ; car il ne peut plus ni combattre ni fuir, dit Emile.

— Très-bien, mon ami. Dès qu'il fut question d'appliquer la vapeur aux navires de guerre, les savants se mirent à la recherche d'un nouveau propulseur; ils finirent par découvrir que Charles Dallery comptait employer une espèce de vis à laquelle la vapeur imprimerait un mouvement de rotation continu.

— Mais, papa, cette vis n'est-elle pas aujourd'hui connue sous le nom d'hélice? demanda Victor.

— Oui; l'hélice n'est autre chose qu'une vis dont les ailes font l'effet de deux rames manœuvrant avec une extrême rapidité. Placée à l'arrière du bâtiment, au-dessous de l'eau, l'hélice n'a que peu de chose à craindre des boulets, et elle occupe un espace assez restreint pour que le vaisseau garde les dimensions ordinaires. Les avantages de l'hélice pour les voyages au long cours furent décrits par un officier du génie, le capitaine Delisle; mais ce traité passa inaperçu.

Un simple constructeur de Boulogne, Frédéric Sauvage, après avoir fait subir à l'hélice plusieurs modifications, s'arrêta à celle qui est maintenant partout adoptée.

— Et ce fut lui qui eut l'honneur et le profit de l'invention? dit Jules.

— Loin de là: il se ruina si complétement, que ses créanciers le firent enfermer. Pour comble de malheur, il vit, de la fenêtre de sa prison, entrer dans le port de Boulogne un bâtiment à vapeur qui n'avait pas de roues, et il apprit que ce petit navire marchait à l'aide du propulseur que lui-même avait adopté. Sa raison, déjà ébranlée par le chagrin, ne résista point à ce dernier coup ; et l'on fut obligé de le transporter dans un asile d'aliénés, où il mourut en 1857.

— Et ceci n'est pas une légende ? dit Victor.

— Non ; cette fin est encore trop récente pour qu'on ait pu en oublier les détails. Il faut ajouter cependant que le pauvre fou fut l'objet des soins les plus dévoués, et que rien de ce qui pouvait adoucir sa triste position ne fut épargné.

— Cela du moins console un peu, reprit Victor. Mais, papa, j'ai vu au Havre des navires à hélice qui portaient aussi des voiles. Ce propulseur est donc insuffisant ?

— Il est moins rapide que les roues à aubes ; mais quand il le serait autant, on aurait grand tort, à mon avis, de ne pas profiter de l'aide du vent, puisqu'elle ne coûte rien, tandis que la production de la vapeur nécessite une dépense de combustible toujours considérable. Dans les bâtiments mixtes, c'est-à-dire dans ceux qui ont une hélice et des voiles, on n'a recours à la vapeur que quand les vents sont contraires, à moins qu'une grande rapidité de marche ne soit nécessitée par les circonstances. Mais lorsque les vents sont favorables, on démonte l'hélice, qui, placée sous l'eau, offrirait de la résistance, et l'on déploie les voiles, comme avant l'invention de la vapeur..

— C'est un grand avantage, dit Victor; si la tempête arrache les voiles et brise les mâts, l'hélice reprend sa place.

— Oui, grâce à elle, le navire désemparé peut achever la traversée.

— Je suis bien content de savoir tout cela, dit Jules; mais je suis encore plus curieux d'apprendre comment et par qui ont été inventés les chemins de fer.

— Tu veux dire, mon cher enfant, comment et par qui la vapeur a été employée à traîner les voitures sur les chemins de fer.

Il faut d'abord que tu saches que les chemins de fer ont existé avant la locomotive, et que c'est improprement qu'on leur a donné ce nom. En Angleterre, on les appelle rails-ways, ou chemins à bandes; ce qui donnerait de ces chemins une idée beaucoup plus juste à ceux qui n'en auraient jamais vu.

Les premiers rails-ways furent construits dans les mines, pour que les chevaux employés au transport du charbon pussent en traîner une plus lourde charge. D'abord les bandes étaient en bois; elles s'usaient si vite, qu'on les couvrit de lames de fer; puis on les remplaça par des rails en fonte, et plusieurs fois on en modifia la forme avant de s'arrêter à celle qui est encore en usage aujourd'hui. Je crois avoir oublié de vous dire que James Watt avait cherché, dans sa jeunesse, le moyen d'appliquer la vapeur à la traction des voitures; il avait dû y renoncer, les machines employées jusque-là étant trop imparfaites. Plus tard, après avoir transformé ces machines, il ne reprit point son ancien projet, parce qu'il reconnut sans doute que le succès était impossible. En effet, il ne fallait pas songer à faire traîner des voitures par la vapeur, tant qu'on ne trouverait pas pour la produire quelque chose de moins lourd et de moins encombrant.

En Amérique, du vivant même de James Watt, un pauvre ouvrier charron, Olivier Ewans, avait remarqué que la vapeur de l'eau bouillante possède une force égale à celle de la pression de l'air, mais que si cette vapeur n'est introduite dans le cylindre qu'après avoir été fortement chauffée, elle possède une puissance beaucoup plus grande. D'après ce calcul, il construisit une nouvelle machine dans laquelle la vapeur agissait avec une force bien supérieure à celle de la pression de l'air, et qu'on appela pour cette raison machine à haute pression. Elle fonctionna dans les moulins, et Olivier put ouvrir à son compte deux ateliers de construction. Par malheur, un incendie ayant détruit le plus vaste, il en mourut de chagrin. Ce ne fut pas toutefois sans avoir essayé d'appliquer sa machine à la traction des voitures; mais cette expérience fut regardée comme plus curieuse qu'utile.

Deux mécaniciens anglais reprirent cette idée après la mort de l'ingénieur américain. Ils n'auraient pas mieux réussi que lui, s'ils n'avaient pas pensé à faire circuler leurs chariots à vapeur sur les chemins à bandes établis dans les mines. On trouva que ces chariots remplaçaient avantageusement les chevaux, et l'usage s'en répandit peu à peu.

Il y avait alors en Angleterre un jeune ouvrier

mineur qui, à force d'étudier le jeu des diverses machines à vapeur, parvint à en construire et à perfectionner celle qui servait à traîner les voitures. Donnons tout de suite à cette dernière le nom de locomotive, sous lequel tout le monde la connaît.

— Ce jeune ouvrier, papa, dit Victor, n'était-ce pas Georges Stephenson, qui apprit à lire à l'âge de seize ans?

— Oui, mon ami. La première locomotive qu'on vit en France sortait de ses ateliers, et elle était destinée à la compagnie houillère de Saint-Etienne. Un ingénieur français, M. Séguin, l'ayant étudiée à loisir, reconnut qu'elle marchait mal, parce que la chaudière ne produisait point assez de vapeur; il y remédia en faisant parcourir cette chaudière par des tubes métalliques creux, dans lesquels passait la flamme du foyer. Sa machine marcha mieux que celle de Stephenson; mais Stephenson, ayant utilisé l'invention des tubes, eut l'heureuse idée de faire activer le tirage de la chaudière, non par un ventilateur, comme l'avait fait M. Séguin, mais par un tuyau soufflant, qui envoyait dans la cheminée de la locomotive la vapeur devenue inutile, après avoir fait jouer le piston.

On comprit seulement alors que la locomotive pouvait être employée au transport des marchandises et des voyageurs. Il ne fallait pour cela que construire des chemins à bandes. Georges Stephenson fut chargé de relier Liverpool à Manchester par un de ces chemins.

Celui-ci fut suivi de plusieurs autres. Bientôt tous les Etats de l'Europe voulurent avoir des chemins de fer, et l'on s'occupe partout aujourd'hui de compléter les réseaux encore inachevés.

— Papa, j'ai souvent vu des locomotives; mais je ne sais pas bien de quoi elles se composent, dit Jules.

— Dans toute locomotive, il y a trois parties essentielles , reprit M. Raymond : la chaudière, le mécanisme moteur , et la voiture qui porte le tout.

La chaudière est ce grand cylindre que vous voyez couché sur la voiture, dont il occupe presque toute la longueur. Elle est parcourue par des tubes dont le nombre varie de cent cinquante à trois cents, et qui s'ouvrent à l'arrière dans le foyer, à l'avant dans la cheminée , en s'ajustant dans des plaques qu'ils font ressembler à deux écumoires. Le foyer est une espèce de caisse carrée, séparée en deux parties par une grille de fer sur laquelle est placé le combustible. L'extrémité opposée se nomme la boîte à fumée et forme la partie inférieure de la cheminée. Au-dessus du foyer, s'élève une espèce de dôme qui sert de réservoir à la vapeur produite par l'ébullition de l'eau. Un large tube y prend la vapeur, traverse la chaudière et se partage en deux branches, qui conduisent cette vapeur aux deux cylindres dans lesquels se meuvent les pistons.

Elle y entre par le jeu d'un tiroir qui s'ouvre et se ferme alternativement sous l'effort de la machine elle-même, et elle pousse un des pistons d'avant en arrière et l'autre d'arrière en avant. Ce mouvement en sens contraire se communique aux roues motrices, au moyen d'un levier de fer forgé, qu'on nomme bielle, et qui s'adapte aux roues à une certaine distance de l'essieu.

— Papa, je sais ce que c'est qu'une bielle, dit Emile. Le rémouleur fait tourner sa meule à l'aide d'une S en fer, qu'on m'a dit être une bielle.

— C'est bien cela. Le piston, en allant et venant dans le cylindre, agit sur la bielle ; la bielle fait tourner les roues motrices, et le mouvement obtenu se continue d'une manière régulière.

— Papa, dis-nous ce qu'on entend par les roues motrices.

— Ce sont celles qui reçoivent le mouvement des pistons et le communiquent à tout le convoi. Les autres roues, dont le nombre varie, n'ont point d'autre fonction que de servir de support à la machine. Quand la vapeur a fait agir les pistons, elle sort des cylindres par deux conduits qui se réunissent à la partie inférieure de la cheminée, pour former le tuyau soufflant. Grâce à ce tuyau, la cheminée est constamment balayée et l'air appelé dans le foyer de manière à activer la combustion du charbon et par conséquent la production de la vapeur.

Le nombre des roues n'ajoute rien à la vitesse de la locomotive; mais plus les roues sont grandes, plus elles font de chemin à chaque mouvement du piston; aussi dans les trains de marchandises les roues sont plus petites que dans les trains mixtes, et beaucoup plus petites que dans les trains express.

Vous voyez, mes enfants, quels services la vapeur rend à l'industrie, au commerce, et combien elle facilite les relations entre les empires et les diverses provinces de ces empires.

— Oui, papa ; mais la vapeur est une force difficile à gouverner, et dans les usines, sur les bateaux à vapeur, sur les chemins de fer, les accidents qu'elle occasionne sont nombreux. D'abord les chaudières éclatent, dit Victor.

— Cet accident est plus rare qu'autrefois. Non-seulement toutes les chaudières sont munies d'une soupape de sûreté, mais d'autres appareils ont été ajoutés à celui-là, dont on a reconnu l'insuffisance. Je conviens avec vous, toutefois, qu'il est très-difficile de conduire un agent aussi puissant et aussi subtil que la vapeur dilatée. Nos chauffeurs de machines acquièrent par l'habitude une grande supériorité sur les mécaniciens qui n'ont jamais été que des hommes de science et de laboratoire.

— Depuis Watt, il n'y a pas eu de perfectionnement dans les machines qu'emploie l'industrie ? demanda Victor.

— Dans les machines à vapeur proprement dites, il n'y a eu que des perfectionnements de détail ; mais on a cherché à obtenir ce mouvement par d'autres moyens, parce que la production de la vapeur est fort chère, à cause du combustible employé, et de la place qu'il occupe, soit sur la machine même, soit dans les navires, surtout dans les navires de guerre.

On a donc, pour éviter les frais énormes de combustible et l'arrimage de ces masses de houille....

— Je t'arrête ici, cher papa. Qu'est-ce que l'arrimage? demanda Emile.

— On appelle arrimer, en terme de marine, disposer, mettre en ordre, ranger. Les marchandises, les provisions sont arrimées dans la cale ou le fond du navire, de manière à y tenir le moins de place possible.

Pour épargner ces frais énormes de transport, on a essayé tout récemment de remplacer la vapeur d'eau par l'air dilaté : c'est la machine calorique d'Ericsson.

Ce procédé est très-simple : on fait chauffer dans un cylindre l'air qu'on y introduit, et on le refroidit subitement après qu'il a fait monter le piston.

M. Ericsson comptait, par ce système, réaliser de notables économies ; mais le succès ne couronna point ses expériences.

Un autre inventeur, M. du Tremblay, imagina d'employer d'autres liquides vaporisables à de plus basses températures et demandant, par conséquent, moins de combustible. Il choisit l'éther; mais l'éther est une substance très-volatile et très-inflammable; et quoique les plus grandes précautions eussent été prises, quoiqu'on ne se servît à bord que de la lampe de sûreté, un incendie terrible y éclata tout à coup et ne put être éteint. L'équipage et les passagers furent sauvés, parce que l'accident arriva près des côtes; mais on dut renoncer à l'emploi de l'éther comme force motrice. Jusqu'à présent rien n'a pu détrôner la vapeur d'eau. Ce n'est pas une raison pour croire qu'elle doive régner toujours. Les recherches des savants peuvent amener la découverte d'un agent moins dispendieux et plus docile.

V.

De la Production de la Chaleur. — Briquet à air. — Hygromètre. — Vaporisation et Évaporation. — Lampe de sûreté de Davy. — De l'Acoustique.

— Nos deux dernières leçons, dit M. Raymond, ont été si remplies par l'invention de la machine à vapeur et ses principales applications, que j'ai oublié de vous parler de la production de la chaleur par la compression de l'air. Ainsi, le briquet à air est une petite machine fort ingénieuse, qui n'a d'autre défaut que de n'être pas toujours en état de marcher. Il consiste en un cylindre de cuivre dans lequel se meut un piston léger, mais bien hermétiquement fermé. Le cylindre est clos à l'une de ses extrémités. On met un petit morceau d'amadou au bout du piston, et l'on fait brusquement et par un coup sec entrer le piston : l'air comprimé l'échauffe et allume l'amadou.

— Un briquet comme cela coûte-t-il bien cher? demanda Emile.

— Non, si l'on en trouve encore, car ils sont devenus bien rares. Ceux qu'on peut rencontrer sont souvent en mauvais état; car il faut que le piston entre à frottement rude et sans laisser pénétrer d'air.

Le choc ou la percussion produit encore de la chaleur. Le briquet classique au silex en est un exemple. En frappant vivement avec un briquet d'acier une pierre à feu, le choc vitrifie les petites parcelles de silex et de fer, qui se détachent, et ces parcelles incandescentes, en tombant sur l'amadou, l'enflamment. Telle est la théorie du briquet ordinaire.

Un autre instrument, dont le jeu dépend de la température indiquée par le thermomètre et de la pesanteur de l'atmosphère, est l'*hygromètre*, au moyen duquel on mesure la quantité de vapeur d'eau qui sature l'atmosphère.

Je vous citerai certains phénomènes qui se lient à l'*hygroscopicité* ou à l'action de l'humidité sur certaines substances animales ou végétales. Si, par exemple, on prend une corde de chanvre bien sèche, qu'on la mette autour d'un pilier lisse, le long duquel elle coule librement, et qu'on la mouille, elle se resserre et adhère assez fortement au pilier pour n'en pouvoir être détachée par aucune force.

Cela me rappelle une anecdote qui vous fera voir que, dans les faits les plus vulgaires, les agents physiques jouent un rôle très-important. Vers le milieu du moyen-âge (la date et les noms me manquent), on élevait un obélisque, et les cordes qui tenaient la machine demandaient à être manœuvrées avec une telle précision, que la moindre négligence eût pu coûter la vie à un grand nombre de personnes écrasées par l'immense monolithe.

— Papa, papa !... s'écria Emile.

— Que veux-tu, interrupteur impitoyable ?

— Mille pardons, mais tu nous parles d'un monolithe, et je ne sais pas ce que c'est.

— C'est un monument quelconque composé d'une seule pierre.

— Monolithe.... Très-bien, j'y suis ; c'est un mot grec qui signifie une seule pierre.

— Justement. On avait défendu, sous peine de mort, que parmi le peuple assemblé il s'élevât aucune voix qui pût troubler l'opération. Le silence le plus profond régnait dans la foule ; l'obélisque s'élève lentement, il est presque debout ; tout à coup, les cordes auxquelles il est attaché s'allongent, il redescend ; les ouvriers redoublent d'efforts, l'ingénieur frémit, un frisson parcourt l'assemblée. *Mouillez les cordes !* s'écrie une voix partie du sein de la foule. Ce sage conseil est écouté ; on apporte de l'eau, les cordes mouillées se resserrent, se raidissent, et l'opération arrive à bonne fin. On fit rechercher dans la foule l'interrupteur, et on le récompensa au lieu de le punir.

L'humidité agit sur un très-grand nombre de corps. Les paysans se servent, au lieu de baromètres, de barbes d'avoine, d'arêtes poilues de stipe, espèce d'herbe commune dans nos départements méridionaux : ces barbes et ces arêtes se tordent à la sécheresse et se détendent à l'humidité. Les marins et les habitants des côtes emploient au même usage les lanières verdâtres, couvertes d'une croûte blanchâtre, d'une espèce d'herbe marine, appelée laminaire, qui se contracte sous l'influence de la sécheresse, et qui s'élargit et devient flasque quand l'atmosphère est saturée de vapeur d'eau. Les cheveux, les morceaux de baleine, les cordes à boyaux sont dans le même cas. On a utilisé cette propriété pour construire des instruments destinés à indiquer les degrés de sécheresse ou d'humidité. Les capucins de carton qu'on voit encore dans nos campagnes, et qui servent à indiquer la pluie et le beau temps, ne sont autre chose que des hygromètres. Le capuchon est fixé par un bout à un morceau de corde de boyau. Quand le temps est sec, la corde à boyau se contracte et force le capuchon à retomber en arrière; quand il est chargé d'humidité, elle se détend, et il recouvre la tête du moine. Les petits bonshommes portés sur un pivot, et dont l'un tient un parapluie, tandis que l'autre n'en a pas, sont également des hygromètres, et la corde de boyau en est l'unique moteur.

Les hygromètres des savants sont faits avec un cheveu dont le bout supérieur, roulé sur une petite poulie, porte un poids qui le tient tendu.

Quand il s'allonge ou se contracte, il fait tourner la poulie, et une aiguille, qui y est attachée, indique sur un cadran gradué la quantité d'humidité dont l'air est saturé.

— Comment marque-t-on les degrés ?

— Rien de plus simple. On met l'hygromètre sous une cloche de verre qui renferme de la chaux vive, de l'acide sulfurique, ou une autre substance avide d'humidité, afin d'en dessécher l'air. L'hygromètre se resserre et fait marcher l'aiguille, qui s'arrête à un certain point où elle ne bouge plus : c'est l'extrême de la sécheresse ; on marque ce maximum. On place ensuite l'instrument sous une autre cloche où l'on a fait arriver de la vapeur d'eau ; on obtient alors le maximum d'humidité. On divise l'intervalle en un certain nombre de degrés, et l'on peut alors déterminer avec une certaine précision l'état hygrométrique de l'atmosphère.

— Mon cher papa, dis-nous quelle différence il y a entre la *vaporisation* et l'*évaporation*. Il me semble qu'hier, en causant avec M. Duverger, tu établissais entre ces deux mots une distinction que je n'ai pu saisir.

— On appelle *vaporisation* la formation de vapeur produite par un liquide en ébullition, et *évaporation* le même phénomène, quand il a lieu au-dessous du point d'ébullition. Ainsi, l'eau d'un bassin diminue tous les jours d'une petite quantité, et cependant l'eau en est froide, très-froide même : c'est ce qu'on appelle évaporation ; tandis que le vase plein d'eau qu'on met sur le feu dégage des vapeurs élastiques par l'effet de la vaporisation.

On emploie le phénomène physique de l'évaporation pour faire sécher le linge ; et plus il est agité, plus il sèche vite, parce que les couches d'air se renouvelant sans cesse, l'évaporation est plus prompte.

L'alcarrazas, ce vase poreux dont je vous ai parlé déjà et qui sert à faire rafraîchir les liquides, produit une évaporation plus complète et plus rapide quand on le place dans un endroit où règne un courant d'air très-vif.

Sous la machine pneumatique, où le vide fait cesser la pression de l'atmosphère, l'évaporation se fait à une très-basse température ; ce qui me rappelle que l'infortuné navigateur la Pérouse, qui périt dans la Polynésie, avait embarqué à bord de son navire un appareil à distiller l'eau de mer sans feu. On y faisait le vide et, sous l'influence d'une température de 12° à 15°, l'eau s'évaporait et venait se condenser dans la partie supérieure de l'alambic, comme elle eût fait si elle eût été mise sur le feu.

La rosée n'est autre chose que le résultat de l'évaporation.

Voilà, mes chers enfants, ce que j'avais à vous dire sur le calorique et ses diverses applications.

— Non, père, dit Jules, ce n'est pas tout. Nous avons quelques questions à t'adresser. Dis-nous comment les sauvages font du feu en frottant deux morceaux de bois l'un contre l'autre. Est-ce un phénomène physique?

— Sans doute ; je crois vous avoir dit que le frottement est une source de chaleur. Les Indiens prennent, pour obtenir du feu, deux morceaux de bois, l'un dur, l'autre mou, et tous deux très-secs. Ils font dans le plus tendre un trou, y engagent l'extrémité de l'autre et tournent rapidement entre leurs mains ; le bois s'échauffe, et la température s'élève bientôt assez pour qu'il y ait production de feu.

— C'est charmant ; nous pouvons maintenant

nous passer de briquets et d'allumettes chimiques : deux morceaux de bois, voilà notre affaire.

— Si tu as tous les jours une heure ou deux à perdre, tu feras bien d'avoir recours à ce moyen ; encore te lasseras-tu bien vite de ce procédé, bon pour des hommes qui n'ont pas mieux. Ce qui prouve que les Indiens apprécient fort nos inventions européennes, c'est que, dès qu'ils purent avoir le plus modeste briquet, ils renoncèrent à obtenir du feu par le frottement.

— C'est égal, reprit Jules, je veux essayer, rien que par curiosité. C'est une expérience comme une autre.

— Sans doute.

— Quand le feu prend à une diligence ou à une machine, et qu'on dit que c'est parce qu'elle allait trop vite, c'est donc le frottement qui a produit la chaleur ? dit Victor.

— Oui, mon ami ; tu ne pourrais pas tenir entre tes doigts, sans te brûler, le fil qui passe à travers une filière ; il devient d'une chaleur qui approcherait presque de l'incandescence.

— Papa, reprit Victor, tu nous as parlé hier de la lampe de sûreté, et ce n'est pas la première fois que j'entends ce nom ; mais comme il était tard, je n'ai pas voulu te demander ce que c'est que cette lampe.

— Tu fais bien d'y penser aujourd'hui. La lampe de sûreté mérite quelques explications; car c'est un des plus beaux présents que la science ait faits à l'humanité. Un célèbre chimiste et physicien anglais, Humphry Davy, ayant fait de sérieuses études sur la flamme, reconnut qu'elle ne peut traverser une toile métallique très-serrée, et que cette toile la refroidit tellement, qu'elle ne peut mettre en combustion les gaz inflammables qui l'entourent. Le savant songea aussitôt à utiliser cette découverte. Tous les ans, dans les nombreuses mines de l'Angleterre, l'explosion du *feu grisou*, c'est-à-dire du gaz hydrogène carboné dont les houillères sont remplies, faisait un grand nombre de victimes. On ne pouvait travailler sans lumière dans ces vastes souterrains, et il suffisait que ce gaz, plus abondant qu'à l'ordinaire, se trouvât en contact avec la flamme d'une lampe pour qu'une explosion terrible eût lieu. Davy entoura d'une toile métallique, à mailles très-fines, la lampe des mineurs; il fit souder avec soin les joints de cette espèce de cage et plaça au sommet deux de ces toiles, légèrement espacées, parce que la chaleur de la flamme est plus grande par le haut de cette espèce de lanterne que sur le côté.

On peut, avec la lampe de sûreté, pénétrer sans danger dans les houillères. Quand l'air y est chargé de gaz dans une grande proportion, le cylindre métallique se remplit d'une lumière bleuâtre, au milieu de laquelle la flamme de la mèche brûle vivement; et quand les gaz deviennent trop abondants, cette flamme s'éteint. C'est un avertissement que le mineur ne doit pas négliger; car, s'il s'obstinait à rester dans cet air, il y serait infailliblement asphyxié.

— Tu dis, papa, qu'avec la lampe de Davy les accidents ne sont plus à craindre; cependant il n'est pas rare que les journaux parlent encore de l'explosion du feu grisou, dit Emile.

— Oui; mais c'est à l'imprudence des mineurs qu'il faut attribuer ces catastrophes.

Après nous être entretenus longuement de la chaleur, nous allons nous occuper un moment de l'acoustique, c'est-à-dire de la science des sons.

— Père, qu'est-ce que le son? demanda Émile.

— Eternel questionneur, tu demandes ce que c'est que le son, et tu le connais aussi bien que moi.

— Sans doute, papa; mais je profite de tes leçons. Il n'y a rien de si précieux qu'une bonne définition; donc je te demande ce que c'est que le son.

— C'est l'impression produite sur l'ouïe par la vibration d'un corps élastique.

Quand on pince une corde de métal ou de matière, soit animale, soit végétale, bien tendue; quand on frappe sur un timbre ou sur une cloche de verre, il se passe dans ces corps un phénomène qu'on appelle vibration, et qui est surtout distinct dans les cordes. On les voit remuer rapidement; au lieu de présenter à l'œil une simple ligne, elles offrent une espèce de surface plane, parce qu'elles se meuvent si rapidement, qu'elles font l'effet de la roue qui tourne avec rapidité et paraît pleine quand elle est évidée.

Vous savez que les cordes produisent, suivant leur longueur, des sons graves ou aigus. Les sons ont d'autant plus de gravité, que le nombre des vibrations est plus petit; ainsi, le son le plus grave serait produit par une corde de 10 mètres 65 centimètres, faisant trente-deux vibrations par seconde, tandis que le son le plus aigu serait produit par cette même corde faisant huit mille cent quatre-vingt-douze vibrations dans le même temps.

Le son a une vitesse bien moindre que celle de la lumière; car vous voyez le feu s'échapper de la lumière d'un canon, longtemps avant d'entendre le bruit produit par la détonation. On trouve qu'il parcourt, à 16° de chaleur, 340 mètres; à 10°, il n'en parcourt plus que 337; et à 0°, c'est-à-dire au point de congélation, que 331.

Suivant la nature des corps, la vitesse des sons diffère. Ainsi, si l'on prend la vitesse du son dans l'air pour. 1

Dans l'eau elle sera de. 4,5

Dans l'argent. 9

Dans le fer 17

Et dans les diverses espèces de bois, suivant leur nature et leur densité, de . . . . . . 11 à 17

C'est surtout dans la musique que l'étude des sons est importante. On sait que le nombre des vibrations d'une corde est proportionné à sa longueur; plus elle est longue, plus elle vibre; tandis qu'elle vibre peu quand elle est courte. Il en est de même des diamètres. Une grosse corde, à longueur égale, vibre moins qu'une corde mince. On s'est servi, pour étudier les sons musicaux, d'un instrument fort simple, appelé *monocorde*. C'est une simple corde montée sur une caisse sonore. On peut, au moyen de cette seule et unique corde, obtenir toutes les notes de la gamme.

— Tiens! ce serait drôle d'avoir un violon à une corde, dit Jules.

— Paganini, à ce que m'a dit mon professeur de violon, ne jouait que sur une corde, et il en tirait des sons délicieux, répondit Victor.

— Donc son violon était un monocorde.

— Comme vous l'allez voir. Prenons pour exemple le monocorde, et admettons que, dans toute sa longueur, il donne le son de *do*; nous aurons ces résultats curieux, tant pour les notes que pour le nombre des vibrations :

Ainsi, *Do*	1,	et le nombre des vibrations est		1
Ré	8/9	—	—	9/8
Mi	4/5	—	—	5/4
Fa	3/4	—	—	4/3
Sol	2/3	—	—	3/2
La	3/5	—	—	5/3
Si	8/15	—	—	15/8
Do	1/2	—	—	2

Vous voyez que pour obtenir le *do* grave et le *do* de la seconde octave, il faut que la corde soit, ou tout entière, ou réduite à moitié; et le nombre des vibrations nécessaire pour la production du second *do*, sera deux fois plus considérable que pour celle du premier.

Pour les notes accidentées, c'est-à-dire diésées ou bémolisées, il faut une modification dans le nombre des vibrations. S'il faut, par exemple, vingt-cinq vibrations pour le *mi*, il n'en faudra que vingt-quatre pour le *mi bémol*, et vingt-six pour le *mi dièse*.

— Papa, en ma qualité de musicien, tu me permettras de te demander à combien de vibrations répond le *la* du diapason ordinaire, dit Jules.

— Il répond à quatre cent vingt-huit vibrations. Je vais vous signaler des faits qui vous intéresseront réellement. Ainsi, quand on fait vibrer des lames qu'on a préalablement couvertes de sable, le sable se dispose régulièrement en lignes transversales. On appelle les espaces vides, les lignes vibrantes; et les points où le sable s'accumule, les lignes nodales.

La disposition des lignes nodales dépend, dans

la vibration des plaques, du point par lequel la plaque est fixée, du point où on la touche, et de sa forme. Quand la plaque est carrée, et fixée par son milieu, si l'on applique à l'un de ses angles l'archet destiné à la faire vibrer, le sable forme sur la plaque une croix parfaitement régulière. Quand cette même plaque, fixée de la même manière, reçoit l'application de l'archet sur un de ses côtés, les lignes nodales forment une croix de Saint-André, avec un nœud au milieu. Si la plaque fixée et mise en vibration de la même manière, est touchée sur un de ses bords, il se forme sur ces bords, entre les branches de la croix, de petites figures en demi-cercle. Enfin, suivant les changements qu'on fait subir à la plaque, et les contacts auxquels on la soumet, les figures varient d'une manière extrêmement curieuse. Il paraît que les vibrations ont lieu dans les deux sens, transversalement et longitudinalement.

Les instruments à vent produisent des sons par la vibration de l'air dans la longueur des tubes, indépendamment de leur diamètre et de l'épaisseur de leurs parois. Ces deux conditions ne font que modifier la qualité du son. On ne peut produire ce son dans un tube, en se bornant à souffler dedans; il faut une amande comme dans le flageolet, une anche comme dans la clarinette et le hautbois, ou bien une embouchure comme dans la trompette. Ce sont, dans ce dernier cas, les lèvres qui modifient les vibrations de l'air. Dans la flûte de Pan, les tuyaux sont fermés par un bout, de sorte que l'air va frapper contre le fond, s'y réfléchit et revient ensuite en vibrant s'échapper par l'orifice du tube. Les orgues sont fondées sur la même théorie : ce sont des tuyaux de longueurs et de grosseurs différentes, dans lesquels l'air vibre comme dans la flûte de Pan.

Un instrument des plus éclatants, et dont la mise en jeu dépend d'une habileté particulière que ne possèdent pas tous les individus, est l'*harmonica :* ce sont des verres remplis d'eau en quantités différentes, et qu'on fait vibrer en passant légèrement le doigt sur le bord. Le verre produit en vibrant des sons d'une extrême suavité, mais si pénétrants, qu'ils font tressaillir les personnes nerveuses et leur causent des convulsions; les sons en sont mélodieux et l'on ne saurait trouver un instrument qui puisse lui être comparé. Il est fondé sur la vibration des lames.

Un fait que je vais signaler à notre petit musicien, c'est que, suivant la température, les sons diffèrent essentiellement; ce qui est très-appréciable pour la flûte. Quand l'air est échauffé, les sons sont beaucoup plus hauts que quand ils sont soumis à une basse température.

La vibration se communique d'un corps à un autre, pourvu qu'il y ait entre eux un contact quelconque, qu'il soit médiat, c'est-à-dire qu'ils soient mis en rapport par un corps étranger, ou immédiat, j'entends par là qu'ils se touchent entre eux. C'est sur cette propriété qu'est fondée la construction des instruments à corde. Dans le violon, les vibrations des cordes font vibrer le chevalet, les vibrations de celui-ci se communiquent à la table supérieure, de celle-ci à l'âme, puis au pourtour, et enfin à la table inférieure. Il en résulte que c'est le violon tout entier qui résonne.

Je ne sais si vous avez remarqué que, quand vous attaquez certaines notes sur le violon ou tout autre instrument, il y a souvent dans la même pièce des corps qui vibrent à l'unisson. Lorsque vous voulez rendre plus distincts les sons aigus des boîtes à musique, vous avez soin de les placer sur un corps vibrant, comme une table, une bcîte, un meuble creux : la vibration se communique de proche en proche au support tout entier, et il vibre avec l'instrument.

Les sons jouissent d'une propriété bien connue, celle de se réfléchir contre des corps durs et de revenir au point d'où ils sont partis. Ainsi, une onde sonore, partie d'un point quelconque, vient tomber sur une surface polie, elle en est réfléchie; et, dans ce cas, on dit que l'angle qu'elle produit en se réfléchissant est semblable à celui qu'elle a formé en venant frapper la surface réfléchissante. C'est là la théorie de l'écho. Il faut, pour qu'il y ait réflexion du son, une distance d'au moins 17 mètres de la surface réfléchissante, ce qui nécessitera pour l'onde directe et réfléchie un trajet de 34 mètres, représentant en temps un dixième de seconde. Voilà pourquoi l'écho ne répète que rarement un mot tout entier, mais une ou deux syllabes seulement. Si la personne qui parle n'est qu'à 17 mètres de la surface réfléchissante, l'écho ne répétera que la dernière syllabe; si elle en est à 34 mètres, il en répétera deux; en un mot, il répétera autant de syllabes qu'il y aura de fois 17 mètres entre le son produit et le son réfléchi. Si maintenant il se trouve réuni dans le même lieu plusieurs surfaces réfléchissantes, le son sera renvoyé de l'une à l'autre, et l'écho se reproduira autant de fois que ce phénomène se produira.

— Voilà donc ce fameux écho, dit Emile. C'est là tout le mystère de cette pauvre nymphe Echo qui se chagrina tant, qu'il ne lui resta plus que la voix. Permets-moi, cher papa, de te demander pourquoi tu emploies le terme d'ondes sonores.

— On suppose que l'air mis en mouvement est dans un état qu'on appelle ondulation ; et quand il circule à travers un tube, la colonne d'air mise en vibration s'appelle une onde ; on ne peut mieux comparer les ondes qu'à ces alternatives d'élévation et d'abaissement qu'on voit dans les liquides qu'on agite.

Je ne vous ai pas parlé de la propagation du son dû aux vibrations qui ont lieu dans les corps solides vibrants et dans les tuyaux où l'air est modifié par les surfaces qu'il rencontre. Ainsi, dans les aqueducs de Paris, on distingue la voix la plus basse d'une manière nette et intelligible, à une distance de près d'un kilomètre. Dans la grande salle du Conservatoire des arts et métiers, deux personnes se placent aux deux angles opposés, parlent à voix basse et peuvent converser entre elles aussi distinctement que si elles se parlaient à l'oreille.

Le *porte-voix* et le *cornet acoustique* dont se servent les sourds ont pour effet d'empêcher les ondes sonores qui s'échappent de la bouche, de se perdre en se répandant dans l'espace ; ils les concentrent dans le tube et en augmentent ainsi l'intensité. Le porte-voix émet le son et le propage en l'air, tandis que le cornet acoustique réunit les ondes sonores pour les faire parvenir à l'oreille du sourd.

Plus l'air est raréfié, plus la densité du gaz à travers lequel se propage le son est faible, plus le son est imperceptible. Dans l'hydrogène, il n'a qu'une force qui n'est en rien comparable à celle qu'il a dans l'oxygène.

Les liquides sont aussi susceptibles de transmettre le son : un homme plongé sous l'eau entend très-distinctement les bruits qui s'y produisent.

Vous savez sans doute aussi que quand on applique son oreille contre la terre, on entend les sons produits à de très-grandes distances. Les

Indiens d'Amérique, qui ont l'organe de l'ouïe plus exercé que nous, perçoivent des sons peu développés à d'énormes distances, et ils en déterminent nettement la nature. Je me rappelle que, pendant la dernière guerre, nous avons très-distinctement entendu le bruit du canon à plus de soixante kilomètres de distance en appliquant notre oreille contre la terre.

Il me reste à vous expliquer la *voix* et l'*ouïe*. La voix est produite par l'air qui, chassé des poumons, passe à travers des canaux qu'on appelle les bronches. Ces canaux se réunissent pour en former un seul, la trachée-artère, dont l'extrémité supérieure est le larynx, espèce de cavité ayant un renflement au milieu, des bords appelés cordes vocales, et une ouverture nommée glotte. L'épiglotte est une espèce de couvercle qui ferme le tout et empêche les liquides et les aliments d'entrer dans la trachée-artère. L'air passe de la trachée dans le larynx, où il devient son en franchissant le passage rétréci par la construction des cordes vocales ou des lèvres de la glotte. Le son est produit; il faut alors que les lèvres, la langue et les dents le modifient pour le convertir en langage articulé.

Quant à l'oreille, c'cst un conduit sinueux dans lequel le son vient s'engager Il arrive au tympan, qui, vibrant sous l'impression des ondes sonores, fait jouer de petits osselets dont l'office est de les porter au nerf acoustique. Celui-ci perçoit les vibrations et les transmet au cerveau, qui alors a la conscience de la nature du son. La surdité est une infirmité provenant de la paralysie de l'une ou de l'autre des parties dont l'ensemble constitue l'organe de l'audition ou l'ouïe.

— Papa, je ne comprends pas très-bien tout cela, dit Jules.

— Je le crois sans peine, mon enfant. L'oreille est de tous les organes de nos sens le plus compliqué. Il faudrait, pour le bien connaître, faire un cours d'anatomie; ce qui, sans doute, viendra plus tard.

— Tu nous parleras aussi de la vue, papa? demanda Emile.

— Oui, demain nous étudierons la lumière et les principaux phénomènes qui s'y rattachent. A demain donc, mes enfants! Bonne nuit!

VI.

De la Lumière. — Sa nature, sa vitesse. — La Catoptrique. — Les Miroirs. — La Dioptrique. — La Réfraction. — Le Mirage. — Le Spectre, ses Couleurs. — Théorie des Couleurs. — La Polarisation. — Description de l'Œil. — Les Lentilles. — Myopie et Presbytie. — Lunette astronomique. — Lunette terrestre. — Le Télescope. — Les Microscopes. — La Chambre noire. — La Chambre claire. — La Photographie.

— Les savants, dit M. Raymond, ont beaucoup étudié la lumière; cependant ils n'ont pu déterminer quelle en est la nature. Quant à son origine, nous savons que c'est en faisant sortir la lumière du néant que Dieu a commencé le grand œuvre de la création.

— « Au commencement, Dieu dit : Que la lumière soit, et la lumière fut, » dit Emile d'un ton doctoral.

— Je ne sais, mon ami, reprit M. Raymond, si tu admires comme elle le mérite la sublime simplicité de ce récit ; mais il me semble qu'il était impossible à l'historien sacré de donner une plus haute idée de la puissance du souverain maître.

— C'est vrai, papa, répondit Emile ; on sent que la création de la lumière n'a coûté à Dieu nul effort, quoiqu'il n'y ait rien d'aussi beau, rien d'aussi précieux.

— Bien, mon enfant. Il fallait que la lumière fût créée d'abord ; sans elle, la vie ne pouvait exister ; car les plantes mêmes ne peuvent se passer de sa bienfaisante influence. C'est à la lumière que nous devons de pouvoir contempler le magnifique spectacle de la nature, les splendeurs du ciel, les richesses de la terre et les merveilles de l'art ; aussi la privation de la vue est-elle la plus triste des infirmités. On rit d'un bossu, d'un boiteux, on se moque d'un sourd, et je me hâte de dire qu'on a grand tort ; mais on plaint toujours un aveugle.

La science qui a pour objet principal la lumière se nomme l'optique.

— Il y a aussi la dioptrique et la catoptrique, dit Emile. Tu vois, père, que je ne suis pas aussi étranger à la science que tu le supposes. Ce matin, j'ai été dans la bibliothèque; j'y ai pris un traité de physique; je suis justement tombé sur l'article *lumière*, et j'y ai vu ces deux mots barbares que je viens de répéter.

— Evite, mon enfant, d'abuser de ta mémoire en y mettant des mots dont la signification t'est inconnue; c'est ainsi qu'on se fausse le jugement.

Il y a sur la nature de la lumière deux théories: l'une du célèbre Newton, qui dit que les corps lumineux émettent la lumière, c'est-à-dire font jaillir de leur surface des particules lumineuses dont l'ensemble constitue le rayon. Cette théorie, appelée de l'*émission*, est abandonnée aujourd'hui, parce qu'elle n'est plus d'accord avec les faits.

— Papa, qu'appelle-t-on théorie? demanda Jules.

— Mon ami, c'est l'explication de faits dont on ne connaît pas l'origine et la nature; on les étudie et l'on s'élève à une idée générale qui sert à les expliquer. Ainsi, tu vois Newton, qui ne savait pas plus que nous ce que c'est que la lumière, chercher une explication à ce phénomène ; il imagine qu'elle est composée de particules dont la réunion constitue le fluide lumineux. C'est là une théorie, car rien ne le prouve. M'avez-vous compris?

— Parfaitement bien ; c'est ainsi que les anciens, qui ne connaissaient pas la cause du tonnerre, pensaient que leur dieu Jupiter lançait la foudre du haut des cieux. Voilà une théorie.

— C'est bien cela. La seconde théorie est celle des ondulations ; c'est celle-ci qui domine aujourd'hui. Prêtez bien l'oreille à ce que je vais vous dire. On admet qu'il y a entre tous les corps qui flottent dans l'espace, et même entre les molécules des corps, un fluide d'une extrême ténuité qui les pénètre comme l'eau pénètre une éponge plongée dans un bassin. Non-seulement l'eau baigne cette éponge, mais elle la mouille aussi bien à l'intérieur qu'à l'extérieur. Ce fluide impondérable s'appelle l'*éther*. Avez-vous compris ?

— Un fluide impondérable est celui qui ne peut être pesé, n'est-ce pas ? dit Jules.

— Oui. Un corps dans l'obscurité ou entouré de lumière ne pèse pas plus dans un cas que dans l'autre ; la lumière est donc impondérable.

On suppose que l'éther répandu à l'intérieur

des corps lumineux éprouve un mouvement de vibration, qui se propage en ondulant, comme le son, et qui, en venant frapper l'éther qui se trouve dans notre œil, y produit la sensation qu'on appelle la vue.

La lumière se propage toujours en droite ligne. Pour vous en assurer, faites un trou à une carte et mettez-la devant une bougie; recevez sur une autre carte la lumière qui passe à travers le trou, et vous verrez qu'elle fait une ligne parfaitement droite et n'éprouve aucune déviation, c'est-à-dire aucun changement de direction.

On a donné le nom de *rayon lumineux* à la ligne suivant laquelle la lumière se propage; plusieurs rayons forment un *pinceau*, et plusieurs pinceaux un *faisceau*.

La lumière diminue d'intensité à mesure qu'on s'éloigne du foyer qui la produit. Rien n'est plus simple à concevoir. Vous savez que, quand vous avez franchi une certaine distance, vous cessez de voir certains objets aussi distinctement; ils se déforment même de manière à produire ce qu'on appelle des *illusions d'optique*.

On a donné le nom d'*ombre* à une obscurité qui vient de ce qu'il y a privation totale de lumière ou simplement à une sorte de silhouette qui se dessine au loin, quand il y a un corps opaque opposé à la lumière. Il s'en faut de beaucoup que l'ombre soit partout la même : on appelle *ombre pure* la partie entièrement privée de lumière, et *pénombre* la partie à demi éclairée qui est sur les limites de l'ombre et en forme les bords.

— Papa, permets-moi de te demander si la lumière va beaucoup plus vite que le son, dit Emile.

— La lumière parcourt en une seconde ou la soixantième partie d'une minute 218,288 kilomètres, c'est-à-dire que dans une heure elle parcourt autant de chemin qu'en ferait un boulet de canon en cheminant pendant un siècle à travers l'espace, s'il ne perdait rien de sa vitesse première. Or, le soleil étant éloigné de la terre d'environ 160 millions de kilomètres, il faut à la lumière huit minutes dix-sept secondes pour arriver jusqu'à nous.

— O mon Dieu ! s'écria Victor, cette distance immense, parcourue en si peu de temps, m'épouvante. Que nous sommes peu de chose, quand nous comparons notre vie si courte à la longue durée du temps, et nos distances, si longues pour nos petites jambes, à ces millions de kilomètres !

— Ce n'est pas tout. L'étoile la plus voisine de nous en est deux cent mille fois plus éloignée que le soleil, de sorte que sa lumière met quatre années à parvenir jusqu'à nous.

— Ainsi, quand nous voyons une étoile, nous la voyons telle qu'elle était il y a quatre années? dit Jules.

— Mon Dieu, oui. Ce qui vous étonnera plus encore, c'est que la lumière des étoiles les plus éloignées met plusieurs millions de siècles à parvenir jusqu'à nous. Il en résulte que si une étoile venait à disparaître par un événement que nous ne pouvons prévoir, sa lumière parviendrait jusqu'à nous plusieurs siècles encore après qu'elle aurait cessé d'exister. Il en est de même d'une nouvelle étoile qui apparaît au firmament.

— Les étoiles sont donc susceptibles de s'éteindre et de naître?

— Oui, mon ami ; il a disparu des catalogues tenus par les anciens plusieurs étoiles brillantes, dont il n'existe plus de traces et qui ne peuvent que s'être anéanties ; en revanche, il en est apparu de nouvelles ; et, comme je vous le disais en vous parlant de ce phénomène, si demain il naissait une étoile au bout de l'immensité, il faudrait plusieurs siècles avant que sa lumière arrivât jusqu'à nous.

Les principales parties de l'optique sont :

1° La *catoptrique*, c'est-à-dire la déviation qu'éprouve la lumière quand elle tombe sur une surface polie, sur les miroirs, par exemple ;

2° La *dioptrique*, ou la modification qu'éprouvent les rayons lumineux en passant à travers un corps diaphane ;

3° Le *spectre*, ou la décomposition de la lumière blanche en rayons de diverses couleurs, comme fait l'arc-en-ciel ;

4° La *polarisation*, ou le changement qu'éprouve la lumière en traversant certains corps.

Nous allons commencer par la *catoptrique*. Quand un rayon lumineux tombe sur une surface polie, il est *réfléchi ;* on appelle *rayon incident* celui qui tombe sur la surface, et *rayon réfléchi* celui qui se relève.

— Tous les miroirs agissent-ils de même ? demanda Victor.

— Non, mon ami ; il est même difficile de trouver deux miroirs qui agissent de même. Les miroirs dont se servaient les anciens furent d'abord d'airain poli, et plus tard d'acier. Ces miroirs avaient la propriété de produire une seule réflexion, tandis que les miroirs de verre donnent deux réflexions, une produite par la surface antérieure de la glace, et l'autre par l'étamage. C'est ce qui explique la déformation produite par certains miroirs; il y en a qui vous allongent le visage, d'autres l'élargissent; il y en a qui défigurent entièrement et rendent méconnaissable. Autrefois les miroirs de Venise étaient les plus recherchés de l'Europe ; aujourd'hui on fait partout de fort belles glaces, et notre manufacture de Saint-Gobain en livre au commerce de magnifiques ; mais pour les expériences d'optique, on ne se sert que des miroirs de métal.

Il y a trois sortes de miroirs : les miroirs *plans* — ce sont ceux dont nous nous servons, — les *miroirs concaves* et les *miroirs convexes*. Les miroirs concaves ont un point où les rayons lumineux se réunissent et qu'on appelle le *foyer*. Ils ont pour propriété de réduire les images en en rassemblant les rayons, tandis que les miroirs convexes les étalent, les dispersent et en augmentent les diamètres.

Il y a encore des *miroirs mixtes*; ils sont *coniques*

ou *cylindriques ;* vous comprenez qu'ils doivent plus encore défigurer les objets. On a fait du miroir de métal cylindrique un sujet d'amusement: on le place au centre d'un carton sur lequel est dessinée une figure courte, large, et dont tous les diamètres sont exagérés. L'image réfléchie par le miroir reprend ses proportions et redevient régulière.

Les dessins qui sont l'objet de cette expérience s'appellent des *anamorphoses*.

Les *miroirs coniques* renversent l'image de tous les objets placés à leur base.

Les *miroirs prismatiques*, ou à faces divergentes, ne réfléchissent que les objets placés devant chaque face, et tout ce qui se trouve dans l'intervalle n'est pas réfléchi dans le miroir.

On a utilisé le miroir de métal concave pour certaines expériences fort intéressantes. Si l'on expose le miroir concave, appelé encore *miroir ardent*, à cause de ses propriétés, aux rayons du soleil, il se forme une espèce de cône lumineux, dont le sommet ou la partie la plus petite est au foyer du miroir ; si l'on dirige le faisceau lumineux, concentré par le miroir, sur des corps combustibles, quelque réfractaires qu'ils soient — on appelle réfractaires ceux qui résistent à l'action du feu — ils sont brûlés, calcinés ou fondus. Je me rappelle avoir lu quelque part qu'un physicien allemand, ayant mis de l'amadou au foyer d'un miroir ardent et un charbon incandescent au foyer d'un second miroir, les rayons partis de ce dernier allèrent mettre le feu à l'amadou qui était au foyer du second.

Le célèbre Archimède employa, dit-on, ce moyen pour la défense de Syracuse. Il se servait d'un miroir ardent pour mettre le feu aux navires ennemis, quelle que fût leur distance en mer.

On a utilisé le phénomène de la réfraction pour renvoyer la lumière qui émane d'un foyer. Ainsi, les anciens réverbères étaient surmontés par des réflecteurs qui augmentaient la puissance éclairante et faisaient tomber les rayons lumineux sur les objets qui se trouvaient dans leur direction. Les lampes qu'on attache aux murs dans les théâtres et les lieux publics sout munies de réflecteurs, qui les font éclairer plus que ne le comporte la petite somme de fluide lumineux qui s'échappe du foyer produit par la mèche.

Les phares sont construits sur cette donnée, suivant le point de la côte qu'on veut éclairer. On élève plus ou moins le phare, et l'on dirige le réflecteur de ce côté.

— Un phare peut-il éclairer bien loin? demanda Jules.

— Mon ami, on a calculé qu'un phare de 40 mètres de hauteur envoie la lumière à 20 kilomètres. A cause de la sphéricité de la terre ou de la courbure qu'elle présente, on est obligé pour chaque 10 kilomètres ou chaque myriamètre, ce qui fait en mesure ancienne deux lieues et demie, de donner au phare une élévation de 20 mètres en plus. On ne peut pas donner à un phare une hauteur indéfinie; et vous voyez qu'en lui donnant 80 mètres ou 240 pieds de hauteur, on n'enverrait encore la lumière qu'à 40 kilomètres ou 10 lieues. Toutefois, la lumière électrique qui rayonne au loin est employée dans plusieurs phares.

Voilà les phénomènes les plus intéressants que présente la catoptrique. Nous allons nous occuper maintenant de la *dioptrique*. Vous vous rappelez ce que signifie ce mot?

— Sans doute : c'est la modification qu'éprouve

la lumière en traversant des corps transparents, dit Emile.

— C'est bien cela. Vous saurez que la lumière ne les traverse pas en ligne droite, et que, suivant la nature des corps, les rayons subissent des changements de direction : c'est ce qu'on appelle la *réfraction*. Ainsi, un rayon lumineux qui subit un changement est dit *réfracté*.

Les effets de la réfraction sont curieux à observer. Ainsi, par exemple, prenez un objet plat et mettez-le au fond d'un vase ; éloignez-vous-en jusqu'à ce que les bords du vase vous le cachent, puis faites verser de l'eau dessus; l'objet reparaîtra sur-le-champ à votre vue. C'est un effet de la puissance de réfraction exercée par le liquide, qui change la direction des rayons lumineux.

Plongez maintenant un bâton dans l'eau, et vous ne le verrez pas former une ligne droite, mais il paraît brisé et rapproché par le milieu.

En un mot, plus le milieu jouira d'une grande puissance de réfraction, plus l'objet regardé par l'observateur paraîtra rapproché; tandis que plus le milieu possédera une faible puissance de réfraction, plus l'objet semblera éloigné.

Le *crépuscule*, lumière douteuse qui précède le

lever du soleil et qui suit son coucher, est le résultat de la réfraction exercée par l'atmosphère, réfraction qui fait voir la lumière du soleil quelque temps avant qu'il paraisse et après qu'il a disparu.

Un phénomène très-rare dans notre pays, mais très-commun dans lès plaines arides et sablonneuses de l'Egypte et sur la mer, c'est le *mirage*. Que d'illusions ce phénomène étonnant n'a-t-il pas produites sur nos pauvres soldats pendant la campagne d'Egypte ! Ils apercevaient au loin des arbres, des villages, de l'eau, toujours de l'eau, et ils marchaient sur ces oasis qui, reculant devant eux à mesure qu'ils approchaient, semblaient se jouer de leur fatigue et de la soif ardente qui les dévorait. Les navigateurs voient souvent aussi apparaître une côte prochaine, avec ses rochers qui se découpent sur le ciel, ses arbres et son port de salut. Sur les côtes de Sicile, on voit fréquemment apparaître dans les airs des colonnes, des arbres, des châteaux, des monuments; ce sont ces illusions d'optique qu'on a désignées sous le nom commun de mirage.

Je vais essayer de bien vous faire comprendre la cause de ce phénomène. Lorsqu'une surface quelconque, terre ou eau, a été échauffée par les rayons du soleil, les couches d'air qui composent l'atmosphère sont d'autant plus dilatées, qu'elles sont plus près du corps échauffé, c'est-à-dire qu'à mesure qu'on s'en éloigne, leur densité augmente; il en résulte que les rayons lumineux, envoyés par les objets placés à une certaine distance, sont réfractés de diverses manières, à cause de la différence de densité des couches de l'atmosphère, et alors l'image des objets apparaît renversée à une certaine distance du lieu où ils sont placés réellement.

Il m'est arrivé, à l'époque où je faisais de fréquents voyages maritimes, de voir l'image du navire à bord duquel je me trouvais renversée au-dessus de ma tête, d'autres fois au-dessous du navire même.

Il y a une autre espèce de mirage, qu'on appelle *mirage latéral*, par suite duquel les objets ne paraissent pas au-dessus ou au-dessous de leur position réelle, mais à côté. Il existe en Allemagne une montagne qu'on appelle le Brocken; quand on est placé sur son sommet, on aperçoit très-distinctement sa propre image en face de soi, sur les nuages, et sous une forme gigantesque. Avant qu'on pût expliquer ce phénomène, on regardait cette apparition comme un véritable sortilége, et l'on ne montait au Brocken que l'âme remplie de terreur. La superstition en avait fait le séjour des sorcières, le lieu de leurs assemblées; on les avait vues, disait-on, le jour du sabbat, montées sur leurs manches à balai, parcourir le ciel et aller porter dans les environs leurs messages sinistres. Tant il est vrai de dire que l'ignorance se crée bien des chimères !

Les *parasélènes* et les *parhélies*, qui sont des images multiples de la lune et du soleil, sont le résultat de la réfraction et un véritable mirage.

Nous allons nous occuper maintenant du *spectre solaire*. C'est une charmante image ovale allongée, qu'on produit facilement en faisant passer la lumière à travers un prisme : on appelle ainsi un morceau de cristal à plusieurs faces; on tient l'image sur une surface blanche, et l'on voit s'y peindre l'image colorée qu'on appelle le spectre solaire.

Les couleurs du spectre sont au nombre de sept; elles se fondent l'une dans l'autre par des nuances imperceptibles et ont des largeurs différentes, que je vais vous indiquer.

Le rouge	occupe	1/9	du spectre.
L'orangé	—	1/16	—
Le jaune	—	1/10	—
Le vert	—	1/9	—
Le bleu	—	1/10	—
L'indigo	—	1/16	—
Le violet	—	1/9	—

On a donné le nom de rayons simples aux diverses couleurs en lesquelles se décompose la lumière blanche. On s'est convaincu par expérience que les rayons du spectre sont inaltérables. Si vous exposez une fleur, ou tout autre objet coloré, à l'action d'un de ces rayons isolés, il prendra la couleur du rayon; et s'il l'absorbe, il paraîtra noir.

On a constaté que tous les rayons ne jouissent pas à un égal degré des propriétés calorifiques. Le rayon rouge, ou celui qui se trouve au haut du spectre, est le plus chaud; et le violet, celui qui l'est le moins.

On a aussi constaté un fait des plus intéressants : c'est qu'en soumettant de petits barreaux d'acier à l'action des rayons violets, ils acquièrent la propriété magnétique, c'est-à-dire qu'ils sont aimantés.

Le rayon jaune éclaire avec une intensité plus grande que tous les autres rayons; le rayon violet éclaire le moins.

Lorsqu'on veut s'assurer que les couleurs du spectre solaire sont formées par la décomposition de la lumière blanche, on reçoit sur un second prisme l'image du spectre, et il en sort non plus un visage coloré, mais tout simplement la lumière blanche.

On arrive encore à ce résultat par un autre moyen : on fait passer les rayons simples à travers une lentille concave, ou bien on les reçoit au foyer d'un miroir concave, et ils y produisent la lumière blanche.

Vous pouvez, pour vous amuser, répéter une expérience fort intéressante, et qui prouve mieux peut-être et plus facilement que le blanc est le résultat du mélange des rayons colorés. Entre deux zones noires et réunies sur un cercle en carton, on colle des bandes minces de papier coloré des nuances et dans les proportions des couleurs du spectre; le cercle, étant soumis à un mouvement de rotation très-rapide, paraîtra tout blanc à l'œil de l'observateur. Par le mouvement de rotation, on fait percevoir à l'œil, à cause de la rapidité, non plus les couleurs une à une, mais simultanément, dans les proportions indiquées; et si les rapports sont rigoureux, l'œil reçoit la sensation du blanc.

La théorie des couleurs est fort simple. Lorsqu'un corps renvoie tous les rayons simples, il paraît blanc, tandis que, lorsqu'il absorbe tous les rayons simples sans en renvoyer aucun, il paraît noir.

Toutes les teintes possibles sont produites par les mélanges en diverses proportions des rayons simples. On a donné le nom de couleurs complémentaires à celles qui, par leur combinaison, forment du blanc.

— Mais, papa, dit Emile, dans la boîte que j'ai achetée la semaine dernière, il y a au moins quinze ou seize couleurs différentes.

— Je le sais; mais toutes sont composées des couleurs dites primitives. Retiens bien les mélanges que je vais t'indiquer :

Le mélange du rouge et du jaune donne l'orangé.
— de l'orangé et du vert, — le jaune.
— du jaune et du bleu, — le vert.
— du vert et de l'indigo, — le bleu.
— du rouge et du violet, — le pourpre.

— Grand merci, père; je vais, pas plus tard que demain, essayer de réduire ma palette à tes couleurs primitives, et nous verrons quel en sera le résultat.

— Comme les expériences relatives au spectre sont en général très-faciles, je vais vous indiquer quelques petits essais qui vous amuseront. Si vous regardez à travers le prisme dont Emile se sert pour dessiner à la chambre claire, une petite bande très-étroite placée sur un fond noir, vous obtiendrez un véritable spectre. Si la bande est plus large, l'une des extrémité sera rouge, et l'autre violette; le milieu seul sera blanc.

Renversons maintenant l'expérience. Si, au lieu d'une bande blanche sur un fond noir, nous plaçons une bande noire sur un fond blanc, nous verrons une image noire au milieu, et dont les extrémités seront en haut : rouge, orangé, jaune; et en bas, violet, indigo, bleu. Plus la bande noire est étroite, plus l'image noire du milieu est petite; et si la bande est très-étroite, le noir disparaît tout à fait.

En regardant à travers un prisme des couleurs diversement composées, elles seront décomposées en leurs rayons simples, et produiront alors des phénomènes très-variés. Si, par exemple, on regarde à travers le prisme une bande étroite colorée avec un mélange de rouge et de violet, ces deux couleurs seront séparées par l'effet de leur différence de réfrangibilité, et l'on apercevra deux bandes, dont l'une sera rouge et l'autre violette. Lorsque vous voudrez savoir quelles sont les couleurs simples qui composent la nuance d'un corps, vous regarderez à travers un prisme ce corps disposé en bande étroite.

Il ne faut pas croire que les couleurs dont nous nous servons en peinture, qu'elles soient naturelles ou artificielles, répondent à des rayons simples ; elles sont toutes composées de couleurs mélangées.

Le phénomène que nous connaissons sous le nom d'arc-en-ciel est le résultat de la décomposition de la lumière blanche. Il se produit quand le soleil envoie ses rayons à travers un nuage qui se résout en pluie, et qu'un observateur se trouve placé devant ce nuage, le dos tourné vers le soleil. L'arc-en-ciel est tantôt simple, tantôt double. Le second est beaucoup plus grand, et les couleurs en sont disposées dans un ordre inverse du premier, dont il n'est qu'une image affaiblie.

Il arrive quelquefois que quand on est placé devant une grande masse d'eau, il se produit, par la réfraction, l'image de quatre arcs-en-ciel ; mais ce phénomène est très-rare. Plus le soleil est élevé au-dessus de l'horizon, plus l'arc-en-ciel s'abaisse ; quand il est arrivé à une certaine hauteur, cet arc disparaît tout à fait.

La lune, quand elle brille de tout son éclat, a également la propriété de produire un arc-en-ciel blafard qui n'a que peu d'éclat et de durée. Ce phénomène est très-rare, et je n'en ai vu qu'un seul dans ma vie.

Les *halos* sont des cercles lumineux qui entourent le soleil ou la lune. Ceux de ce dernier astre sont toujours blancs, tandis que ceux du soleil sont blancs ou colorés ; le rayon rouge est toujours en dedans. Ce phénomène est dû à la présence dans les parties supérieures de l'atmosphère de petites aiguilles de glace, qui réfractent les rayons du soleil ou de la lune.

Je ne vous parlerai qu'en passant de la polarisation, parce que ce phénomène, tout intéressant qu'il est, appartient à la haute science, et que mon but n'est que de vous donner quelques notions générales. Vous saurez donc que la lumière, en passant à travers certains corps, ou en se réfléchissant sur des surfaces polies, sous certaines incidences, subit des modifications qui varient sur les corps. Si l'on prend, par exemple, un cristal de spath d'Islande, espèce de roche transparente, et qu'on le fasse traverser par un pinceau de lumière, on verra ce dernier former deux images distinctes : c'est ce qu'on appelle la double réfraction. Un autre corps devient, soit à droite, soit à gauche, le rayon lumineux, et l'on s'en est servi en chimie pour constater la dissemblance des compositions de certains corps. En les faisant traverser par un rayon de lumière, les uns font dévier la lumière à droite, les autres la font dévier à gauche. C'est une loi dont l'application récente peut amener de grandes découvertes ; mais je m'arrête là, parce que vous ne me comprendriez plus.

Je vais vous parler de faits qui vont vous intéresser davantage, c'est-à-dire des phénomènes qui se rapportent à la vision. Je commencerai par vous dire, en peu de mots, ce que c'est que l'œil ; car vous voyez, et vous ne savez pas comment.

— Tu crois cela ? dit Emile. Je sais que l'œil est une chambre obscure, qu'il y a en avant des verres semblables à ceux d'une lunette, et que l'objet que nous regardons vient se peindre au fond de notre œil, sur la rétine, qui est une espèce de filet nerveux.

— Tu es plus savant que je ne le pensais. Qui t'a appris cela?

— Notre médecin, un jour que j'étais allé le chercher pour Jules.

— C'est bien. Voilà l'avantage de questionner, on apprend toujours quelque chose. Je vais essayer de compléter la définition juste, mais un peu confuse, que tu viens de nous donner.

L'œil est un globe enveloppé d'une membrane épaisse et blanche, qu'on appelle, à cause de sa couleur, le blanc de l'œil, ou, en langage scientifique, *sclérotique;* elle devient transparente en avant. Sous cette partie antérieure, appelée *cornée transparente*, se trouve une membrane colorée, appelée *iris*, percée à son centre d'un trou, qui est la *pupille*, communément appelée *prunelle.* Derrière est le *cristallin*, espèce de lentille bi-convexe. Entre la cornée transparente et le cristallin, il y a un espace rempli de liquide peu dense, qu'on appelle *humeur aqueuse;* et en arrière est une seconde chambre remplie d'une humeur plus dense, qui porte le nom d'*humeur vitrée*. Le fond de l'œil est tapissé d'une membrane appelée *choroïde*, sur laquelle est appliquée la *rétine*, qui communique avec le cerveau et lui transmet la sensation de la vue.

Voici maintenant comment on voit. Les faisceaux lumineux pénètrent à travers la cornée transparente, et s'y réfractent de manière à tomber sur l'iris; ils passent à travers la pupille, tombent sur le cristallin et sont réfractés de manière à venir se réunir au fond de l'œil.

Les objets se peignent renversés au fond de l'œil; c'est par l'esprit que nous les redressons. Quant à la couleur des objets, elle arrive pure à la rétine, parce que l'œil est un appareil achromatique, c'est-à-dire qui ne décompose pas les couleurs. Nous recevons la même image deux fois, et pourtant nous la voyons simple, parce que l'entrecroisement des nerfs optiques rend la sensation unique. Mais lorsque l'homme est hors d'état de diriger sa vue, il voit réellement double ou deux images pour une.

Malgré la perfection de l'œil, nous sommes encore le jouet de sensations fausses, qu'on appelle des *illusions d'optique*. Si nous regardons une longue avenue, ou une grande route bordée d'arbres et parfaitement droite, les arbres nous paraissent se rapprocher et même se confondre. Il en est de même quand nous sommes dans une longue galerie : elle semble se rétrécir à son extrémité, et le plafond paraît se rapprocher du sol.

Quand vous êtes placés au pied d'un objet très-élevé, tel qu'une tour, elle paraît pencher sur vous, comme si elle était hors d'aplomb. Placée sur le bord de la mer, quoiqu'elle soit parfaitement horizontale, et qu'à une certaine distance elle décrive une courbure, elle nous paraît s'élever doucement, comme si elle formait ce qu'on appelle un plan incliné. Une ligne droite très-longue nous paraît courbe.

Regardez deux objets placés absolument sur la même ligne, et éclairés d'une manière différente ; celui qui est le plus éclairé paraît le plus rapproché.

Lorsque la lune et le soleil paraissent à l'horizon, ils nous semblent bien plus grands que quand ils sont élevés dans le ciel, c'est-à-dire au zénith.

Dans une diligence, et surtout dans un wagon,

dont la rapidité est très-grande, les objets qui sont les plus voisins paraissent fuir, tandis que c'est l'observateur qui se déplace. C'est à cette illusion qu'il faut rapporter celle qui nous fait croire que le soleil et les étoiles marchent, tandis qu'ils sont immobiles, et que c'est nous qui marchons.

Le brouillard produit encore sur notre vue l'effet que produirait un grand éloignement. Nous croyons voir, par un temps de brouillard, les objets à une plus grande distance que quand l'atmosphère est claire et l'air raréfié.

Vous savez aussi que de loin une tour carrée paraît ronde. Enfin nous sommes et nous serons toujours exposés à ces illusions, que l'expérience seule rectifie.

Nous allons maintenant parler des instruments d'optique proprement dits. Ils ont pour base des verres appelés lentilles, dont il y a six espèces particulières.

La première, la plus commune, connue dans le vulgaire sous le nom de *verres grossissants*, est *biconvexe*, c'est-à-dire qu'elle a la forme de la graine appelée lentille ; ces verres sont renflés au milieu et amincis sur les bords.

La seconde espèce, qui dérive de la première,

est la lentille *plano-convexe*. Comme l'indique son nom, elle est plate d'un côté et bombée de l'autre.

La troisième est le *ménisque-convexe*. Ce sont deux courbes parallèles : une renflée et faisant saillie, l'autre concave et rentrant dans la première.

Les lentilles *bi-concaves* sont creusées sur leurs deux faces ; la *plano-concave* est le contraire de la *plano-convexe*, elle est plate d'un côté et creuse ou concave de l'autre. Le *ménisque divergent* est complétement concave au-dessous et légèrement courbé au-dessus.

Voici maintenant l'effet produit par les diverses espèces de lentilles. Les *lentilles convexes* font converger les rayons, d'où le nom de *lentilles convergentes ;* les lentilles *divergentes* sont concaves.

— Permets-moi de te demander si les lentilles sont en verre commun, dit Jules.

— On ne pourrait pas faire des lentilles avec le verre grossier qui sert à garnir nos fenêtres. Il faut un verre plus fin, plus transparent : c'est ce qu'on appelle des *verres achromatiques*. Quand on regarde à travers une lentille commune, on voit l'image se peindre d'une manière assez nette au foyer et les bords de l'image se présenter avec des franges colorées qui ont la couleur de l'iris : c'est ce qu'on appelle l'irisation. La décomposition est d'autant plus grande que la convexité est plus prononcée.

En employant des lentilles convexes, on a une amplification de l'image ; elle est d'autant plus considérable que le foyer est plus court, c'est-à-dire la courbure plus grande.

Je ne vous ai pas dit ce que signifie le mot *foyer*. On appelle ainsi la distance qui sépare la lentille de l'objet observé, pour que l'image soit distincte. Les lentilles dont le foyer ou distance focale est le plus long grossissent moins que celles dont le foyer est court.

Les lentilles convergentes, au lieu de grossir ou d'amplifier les objets, les diminuent ; elles sont moins en usage dans la vie civile.

Nous allons maintenant parler des instruments à notre usage, qui entrent dans le domaine du commerce de l'opticien.

Les *besicles*, appelées encore *lunettes*, sont destinées à remédier aux défauts de la vue. Dans la jeunesse, on est souvent myope, c'est-à-dire que par suite de la trop grande convexité de la cornée transparente ou du cristallin, il en résulte une trop grande convergence dans les rayons, de sorte que l'image des objets se réunit en un foyer en avant de la choroïde ; aussi les myopes ne peuvent-ils percevoir que ce qui est placé tout près d'eux, afin de repousser l'image au fond de l'œil. Il faut employer des lentilles divergentes pour corriger ce défaut de la vue. Vous remarquerez que chez les myopes la pupille, dont la dilatabilité vous est connue, est très-grande, parce qu'il faut la plus grande quantité possible de rayons lumineux pour diminuer la convergence.

La presbytie, mot qui vient du grec et qui signifie *vieux, ancien,* comme *myope* signifie *œil de souris*, désigne le vice particulier de la vue contraire à la myopie. Les rayons lumineux, au lieu de converger en avant de la chroroïde, convergent bien en arrière du fond de l'œil, de sorte que la presbytie, commune chez les vieillards, exige des lentilles convergentes pour corriger ce défaut de la vue.

Vous voyez les besicles des vieillards munies de verres bi-convexes souvent très-prononcés ; mais les lentilles qui conviennent le mieux pour la construction des besicles sont les deux ménisques.

— Je comprends fort bien maintenant la différence qu'il y a entre la myopie et la presbytie, dit Jules.

— Allons, jeune docteur, explique-nous cela.

— Je ne vous donnerai pas une explication scientifique, je me bornerai à vous dire que je reconnais à quel signe on distingue ces deux défauts. Ainsi, par exemple, mon cousin Alphonse, qui est atteint de myopie, ne voit distinctement qu'en regardant de très-près ; s'il prend un livre, il a les yeux presque sur le papier ; ce qui nous fait beaucoup rire, car il a l'air de suivre sa lecture avec son nez, comme les enfants qui commencent à lire suivent avec leur doigt.

Voilà pour le myope : il est obligé de s'approcher des objets qu'il veut voir, parce que les rayons se réunissent en avant du fond de l'œil ; il est obligé, pour ainsi dire, de les repousser pour qu'ils arrivent sur la choroïde et s'y peignent.

— Très-bien.

— Quant au presbyte, c'est autre chose : je prends pour exemple mon grand-papa. Lorsque je lui présente un dessin ou une image, il l'éloigne de lui de toute la longueur de son bras, et cela d'autant plus qu'il veut mieux voir. C'est là la presbytie. C'est le défaut contraire à la myopie : comme l'objet se peint en arrière de l'œil, on l'éloigne pour que la choroïde reçoive l'impression.

— Tu as bien compris, je le vois. Je vais maintenant vous parler des besicles appelées conserves; elles sont presque planes, d'un verre teint quelquefois de bleu ou de vert, pour ménager les vues affaiblies. Il ne faut pas s'habituer aux conserves. Après en avoir porté quelque temps, on ne trouve plus qu'elles suffisent; on prend des verres dont le pouvoir amplifiant est plus considérable, et l'on finit par avoir besoin de véritables lunettes. Le plus sage est de ménager sa vue, de la reposer quand elle est fatiguée, de ne pas l'exposer à la lumière éclatante du soleil, dans la crainte de contracter une sorte de paralysie qu'on appelle *amaurose* ou *goutte sereine*. Cette maladie est commune chez les gens qui travaillent au soleil.

— Je sais bien, pour mon compte, que, quand j'ai eu la vue frappée par le soleil, je reste pendant quelques instants dans un état semblable à celui où me mettrait une véritable privation de la vue ; je suis sûr que si je persistais, je deviendrais aveugle.

— Sans doute ; c'est l'effet produit par l'abondance des rayons lumineux sur l'iris, qui se contracte de telle sorte qu'elle ne laisse plus pénétrer la lumière.

On se servait pour mieux voir, avant que la mode en eût rendu l'usage général, de *lorgnons*. Ces lentilles diminuent presque insensiblement les objets, et par là les rendent plus distincts.

Les lorgnettes sont une combinaison de lentilles comme la lunette d'approche ; elles ont pour effet de rapprocher les objets de manière à les rendre visibles, malgré leur éloignement. Quand on a l'œil appliqué à une lorgnette et qu'on regarde, par exemple, des acteurs, on les voit au bout de la lentille, et les moindres détails de leur costume et de leur figure apparaissent d'une manière si distincte, qu'on en est même offusqué.

— Le *binocle* n'est donc qu'une double lorgnette ? dit Emile.

— Oui, mon ami ; je n'ai jamais compris le besoin de cet instrument, quand une lorgnette simple suffit.

— Papa, dis-moi donc pourquoi, quand on regarde à travers une lorgnette, on voit les objets très-gros et très-rapprochés en mettant l'œil au petit bout, et très-petits et très-éloignés quand on l'applique au gros bout.

— C'est que la lorgnette se compose de deux sortes de lentilles : l'une *convergente*, celle du gros bout ; elle grossit ; on l'appelle l'*objectif :* c'est elle qui, comme l'indique son nom, est tournée vers l'objet observé ; l'autre est *divergente* ou diminue les objets ; c'est l'*oculaire* ou la lentille à laquelle l'œil est appliqué. Quand vous faites de l'oculaire l'objectif, c'est-à-dire que vous le dirigez vers l'objet, la lentille divergente, vous voyez les objets diminués.

La *lunette astronomique* est composée de deux verres convexes avec un objectif à très-long foyer, et d'un oculaire à foyer plus court. Voici ce qui se passe quand on observe avec cet instrument. L'image de l'astre que vous observez est reçue par l'objectif, qui la renverse et la reproduit à son foyer. L'oculaire reprend cette image, la grossit, et fait voir renversée une seconde fois une image qui l'était une première.

La *lunette terrestre*, composée de quatre lentilles convergentes, est destinée à l'observation des objets terrestres, et elle les fait voir dans leur position naturelle. Il s'opère par la combinaison des lentilles un redressement qui ne choque pas la vue comme le renversement.

— Est-ce que la lunette que tu emportes quand nous allons faire nos longues promenades n'est pas un télescope ?

— Non, mon ami, c'est une simple lunette terrestre. Le télescope est bien autre chose. C'est un tube au fond duquel est un miroir métallique concave, sur lequel vient se peindre l'image de l'astre observé. Cette image est renvoyée sur un miroir plan, incliné sous un angle de 45 degrés, qui la réfléchit et la porte au foyer d'une lentille biconvexe qui remplit les fonctions d'oculaire.

— C'est là sans doute le fameux télescope d'Herschell ?

— Non. Le télescope d'Herschell diffère de celui que je viens de décrire et qui a été inventé par Newton, en ce que le miroir plan manque. Le miroir concave a une position inclinée vers l'objet lumineux observé, et l'on regarde à travers une loupe l'image de cet objet, qui se peint alors à côté de l'axe du miroir.

Il y a encore des instruments d'optique plus curieux, et que je veux vous bien faire connaître. Ce sont les microscopes. Ils servent à rendre plus distincts les objets trop petits pour que la vue suffise à en percevoir les détails. Le microscope est *simple* ou *composé*. Le microscope simple se compose d'une lentille bi-convexe, qui a un foyer d'autant plus court que le grossissement est plus considérable ; ce qui fait que pour obtenir de très-forts grossissements, il faut avoir l'œil tout près de la lentille, qui est elle-même tout près de l'objet observé ; et la lumière ne pouvant plus suffisamment l'éclairer, à moins qu'il ne soit transparent, ce qui permet de l'éclairer par-dessous, on n'observe que très-difficilement. C'est cependant avec de simples lentilles que lui-même fabriquait, que le célèbre Leenwenhoek, le père des micrographes....

— Papa, qu'est-ce qu'un micographe? demanda Emile.

— Tu m'interromps quand j'allais vous le dire.

— Mille pardons ; mais je craignais....

— Un micrographe est celui qui fait des observations au microscope, les décrit et les reproduit par le dessin. La science de l'observation au moyen du microscope s'appelle micrographie.

— Et le mot microscope lui-même, que signifie-t-il ?

— Observation de petits objets. Je vous disais donc que le célèbre micrographe hollandais, dont on conserve religieusement les lentilles, a fait ses belles découvertes avec le microscope simple.

— Papa, comme je ne t'interromps pas souvent, tu me permettras de te demander comment il fabriquait les microscopes, dit Victor.

— Rien de plus simple ; il prenait une lame de métal très-mince, dans laquelle étaient percés de petits trous parfaitement ronds, et il y entrait une petite pointe de cristal affilée à la lampe ; il l'y cassait, faisait fondre le petit morceau de cristal, et il en résultait un petit globule de verre bien transparent. Voilà son microscope. Quand il n'y avait pas de bulle d'air ou de défauts dans ce petit globule, il le déclarait bon et s'en servait pour faire ses observations.

— Aujourd'hui, nous sommes sans doute plus délicats ?

— Oui, il nous faut des instruments de plusieurs centaines de francs, au moyen desquels, il faut l'avouer, nous voyons plus distinctement et surtout plus commodément.

Le microscope qui porte le nom de M. Raspail est un microscope simple. Ce sont des lentilles simples, enchâssées au fond d'un petit entonnoir de métal noirci ; au-dessous est un support appelé *platine*, pour y déposer les objets à observer. Il est percé d'un trou destiné à laisser passer la lumière ; un miroir la renvoie, et l'on peut y observer assez facilement les objets qui n'ont pas besoin d'un trop fort grossissement.

Pour les grossissements très-forts et surtout pour la commodité de l'observation, on se sert du microscope composé. Il consiste en un tube à l'extrémité duquel est un objectif à foyer très-court monté sur un cône de métal. Au bout opposé est un tube cylindrique dans lequel sont enchâssées deux lentilles à foyer plus long, qui, recueillant l'image déjà amplifiée ou grossie par l'objectif, la rendent à la fois plus forte et plus distincte. On a des combinaisons de lentilles qui permettent de donner à un insecte, quelque petit qu'il soit, une longueur d'un mètre. Quand le grossissement est très-fort, on ne peut voir que le bout de la patte d'une mouche ; elle est alors aussi large que la main d'un homme, et l'on distingue les deux petites œillères qui lui servent de ventouses et lui permettent de marcher renversée sur les corps les plus polis.

— Ce doit être bien amusant ?

— Oui, mon fils ; mais en même temps très-fatigant et très-difficile, surtout quand on en fait un objet d'étude.

On a encore un autre instrument qui est plus commode pour l'observation, mais qui ne peut pas être établi partout : c'est le microscope solaire. Voici en quoi il consiste : on dispose, au dehors d'une croisée, un miroir qui reçoit les rayons solaires et les fait passer par un petit trou pratiqué dans le volet de la croisée, car il faut que la pièce soit très-obscure ; les rayons traversent deux lentilles convergentes ou convexes entre lesquelles on met l'objet à observer. L'image très-agrandie de cet objet vient se peindre sur une surface blanche, mais elle est renversée.

— Le *microscope à gaz* ne serait-il pas tout simplement un microscope solaire ? demanda Victor.

— Ce n'est pas autre chose ; seulement, au lieu du soleil, on se sert de la lumière brillante tirée du mélange des deux gaz oxygène et hydrogène, au milieu desquels se trouve placée une boule de chaux vive qui devient éclatante comme le soleil.

La *lanterne magique* elle-même n'est qu'un microscope solaire ; la lumière du soleil y est remplacée par la lumière d'une lampe placée au foyer d'un miroir concave.

— La lanterne magique est très-amusante ; je voudrais seulement savoir par quel moyen on produit des effets de fantasmagorie, dit Jules.

— Rien de plus facile : on change les rapports de distance entre l'objet et la lentille. Plus il est près de la lumière, plus il est petit, tandis qu'il grandit à mesure qu'on l'en éloigne.

— C'est justement ce qui a lieu quand on marche la nuit dans les rues ; à mesure qu'on s'éloigne d'un réverbère, l'ombre grandit et devient gigantesque, tandis que, quand on est à peu de distance, l'ombre n'a pas plus que la taille de la personne placée près du réverbère, dit Emile.

— Voilà une comparaison fort juste. Le mégascope, qui a le même but, se compose d'une seule lentille; un peu au delà de son foyer, on place un objet très-éclairé dont l'image va, comme dans la lanterne magique, se peindre sur une surface blanche.

La *chambre noire* ou *chambre obscure*, qui produit de si jolis tableaux et sert particulièrement aux dessinateurs, se compose d'une caisse assez grande pour que l'observateur ou le dessinateur y puisse tenir assis ; en avant, est une ouverture dans laquelle est engagé un tube portant en haut un miroir incliné sous un angle de 45 degrés ; ce miroir reçoit l'image des objets extérieurs et la renvoie sur une lentille qui la transmet à son tour, avec ses couleurs, sur un carton horizontal. On peut alors, en en suivant les contours, obtenir une image d'une précision parfaite. Quand on ne veut pas avoir l'ennui de se placer dans la chambre obscure, on procède autrement ; on adapte à une caisse une lentille convergente qui envoie l'image au fond de la caisse, sur un miroir d'où elle se réfléchit sur un verre dépoli placé horizontalement. De cette manière, on voit l'image des objets sans être dans l'obscurité.

C'est au moyen de la chambre noire que les photographes prennent leurs images. Ils exposent à la lumière qui pénètre dans cette chambre et qui y apporte une imàge, une plaque de métal ou du papier sensibe, et l'objet s'y reproduit avec tous ses détails les plus minutieux. La photographie ou daguerréotypie sur papier est plus commode et moins fragile que les plaques de métal susceptibles de s'effacer. On obtient aujourd'hui des figures aussi belles que les sépias les mieux finies, et les images ont une précision plus grande, puisque c'est l'objet lui-même qui vient s'y décalquer.

— On n'obtient donc pas les couleurs ?

— Nous n'en sommes pas encore là ; mais il y a lieu d'espérer qu'avec le temps, on y réussira.

Nous allons quitter les lentilles pour parler du prisme, au moyen duquel on construit un instrument que tu connais d'autant mieux, mon cher Emile, qu'il est en ta possession.

— Tu veux parler de ma chambre claire, *camera lucida ?*

— Justement ; c'est un physicien anglais, appelé Wollaston, qui a inventé la chambre claire. Elle consiste en un prisme de cristal à quatre faces ; deux forment un angle droit et deux un angle obtus. L'image de l'objet vient se peindre, pour l'observateur qui applique son œil sur un des côtés plans, au-dessus et au-dessous du prisme ; elle tombe sur un papier posé sur une table à laquelle le prisme est attaché de manière qu'on en puisse suivre les contours avec un crayon. Le plus difficile n'est pas de voir l'image, mais le crayon; pour cela, on a un petit diaphragme ou une petite platine, percée d'un trou en amande, qu'on place moitié sur le prisme et moitié en dehors. En regardant par cette ouverture, on peut, sans savoir dessiner, obtenir l'image d'objets très-compliqués.

— Je ne m'en sers, dit Emile, que quand je suis embarrassé pour rendre un raccourci; alors je prends ma chambre claire, et elle me tire d'affaire sur-le-champ.

— Papa, la photographie est une invention toute récente; comment l'a-t-on faite, et quel en est l'auteur? demanda Jules.

— La photographie est, en effet, une invention toute récente; mais la chambre obscure date du XVIe siècle, ainsi que la connaissance de la décomposition opérée par la lumière sur les sels d'argent. Ces deux découvertes devaient amener avec le temps celle de la photographie. Le célèbre Davy, à qui les mineurs doivent la lampe de sûreté, chercha pendant quelque temps le moyen de fixer les images de la chambre obscure sur un papier couvert d'azotate d'argent; il n'obtint qu'une épreuve imparfaite et fugitive, et il abandonna cette étude pour des travaux plus sérieux.

Un officier français retiré du service, M. Niepce, poursuivit le même but, et réussit, après des années de travail, à reproduire sur une plaque de métal recouverte d'argent les images de la chambre obscure.

En 1826, M. Daguerre, qui s'occupait aussi de la solution de ce problème, proposa à M. Niepce une association que celui-ci accepta; mais il mourut en 1835, et ce fut seulement quatre ans plus tard que parurent les premiers portraits au daguerréotype. Ils furent accueillis avec un enthousiasme indescriptible, quoiqu'il y eût bien loin de ces images miroitantes aux belles photographies qu'on nous livre aujourd'hui à si bon marché.

— Ton portrait, qui est tout effacé et qu'on a relégué dans une armoire, est au daguerréotype, n'est-ce pas, cher père? dit Victor.

— Oui, répondit M. Raymond. Je puis vous assurer qu'en son temps il fut fort admiré. N'était-ce pas en effet quelque chose de merveilleux de voir un portrait se faire sans crayon, sans pinceau, par la seule influence de la lumière? Les procédés inventés par Daguerre se perfectionnèrent peu à peu, et ce fut un physicien anglais,

M. Talbot, qui créa la photographie, en substituant à la plaque métallique employée jusque-là une feuille de papier enduite d'iodure d'argent, additionné d'un peu d'acide acétique.

Aujourd'hui, on remplace le papier par une plaque de verre enduite de coton-poudre dissous dans un mélange d'alcool et d'éther. Avant de s'en servir, on la plonge dans un bain d'azotate d'argent additionné d'un peu d'acide acétique. Ainsi préparée, on la place dans la chambre obscure, et l'on obtient à l'instant un cliché, à l'aide duquel on peut tirer sur papier autant d'épreuves qu'on le désire.

Voilà, mes bons amis, une soirée bien employée, ajouta M. Raymond. Celle de demain, sans doute, ne sera pas moins intéressante; et si tu veux, mon cher Emile, recourir d'avance à ton manuel de physique, je t'engage à y chercher le chapitre qui traite de l'électricité et du magnétisme.

VII.

De l'Électricité. — Machine électrique. — Bouteille de Leyde. — L'Électricité atmosphérique. — Le Paratonnerre. — Le Galvanisme. — La Pile de Volta. — La Lumière électrique. — La Galvanoplastie. — Le Télégraphe électrique. — Le Magnétisme. — La Boussole.

— Père, dit Emile, j'ai suivi ton conseil : au lieu d'aller courir dans le jardin, je me suis enfermé dans la bibliothèque et j'ai étudié ce que c'est que l'électricité.

— Eh bien ! mon ami, tu auras le plaisir de l'apprendre à tes frères, répondit M. Raymond.

— L'électricité est un fluide invisible répandu partout, et qui s'accumule par le frottement à la surface de certains corps, tels que l'ambre, le verre, la porcelaine, le soufre, la résine. Quand ces corps sont chargés d'électricité, ils jouissent de la propriété d'attirer à eux d'autres corps légers : ainsi des feuilles de papier, des barbes de plume.

On a cru longtemps qu'à l'ambre seul appartenaient ces facultés attractives, et l'on supposait qu'un esprit résidait dans cette substance. On avait donc constaté l'existence de l'électricité ; mais on ignorait qu'il pût s'y rattacher des phénomènes importants, et qu'on en pût tirer d'utiles applications.

— Tu parles comme un vrai savant, dit M. Raymond. Continue, mon ami.

— Ce serait bien volontiers, papa ; mais quoique j'aie lu tout le chapitre, je n'en ai retenu clairement que les premiers paragraphes.

— C'est déjà quelque chose. Tu sais encore peut-être d'où vient le nom d'électricité donné à ce pouvoir mystérieux.

— Oui, père ; il vient du mot grec *electron*, qui servait à désigner l'ambre jaune ou succin, parce que l'ambre attirait à lui les corps légers, quand on l'avait frotté pendant quelques instants sur une étoffe de laine. Un fait qu'on n'avait pas constaté, c'est que l'ambre ou tout autre corps électrisé repousse les corps qu'il a attirés d'abord, et qu'il émet, en pétillant, des étincelles bleuâtres.

— Très-bien, reprit M. Raymond. Il y a des corps qui retiennent l'électricité, tels que la résine et le verre, et d'autres qui, après avoir acquis des propriétés électriques, ne les conservent pas. On a donné le nom de corps *bons conducteurs* à ceux qui laissent facilement échapper l'électricité qu'ils ont acquise, et celui de corps *non conducteurs* à ceux qui la conservent. Les métaux, l'eau, les animaux, sont de bons conducteurs, tandis que le verre, la résine, la soie, le soufre, sont de mauvais conducteurs.

Il y a, dans l'électricité, deux fluides qui ont des propriétés différentes : quand ils sont en présence, l'un repousse ce que l'autre attire. Voici une expérience qui le prouve : on prend un bâton de verre et un bâton de cire d'Espagne; on les frotte l'un contre l'autre, et on les place l'un à droite et l'autre à gauche d'une petite balle de sureau suspendue à un fil de soie. Cette balle sera attirée par le plus rapproché des deux objets, de manière à le toucher, puis elle en sera repoussée et ira toucher l'autre qui la repoussera à son tour, de manière à produire un mouvement de va-et-vient; ce qui prouve que les deux bâtons ne sont pas électrisés de la même manière. Il existe donc deux fluides différents. On appelle électricité *vitrée* ou *positive* le fluide développé sur le verre, et électricité *résineuse* ou *négative* celui qui se développe sur la résine.

— Papa, on n'obtient donc l'électricité que par le frottement? demanda Jules.

— Pardon, mon ami; l'électricité a bien d'autres sources : elle se développe par la *fusion*, c'est-à-dire qu'en fondant certains corps, ils s'électrisent et développent une électricité opposée à la leur, dans le vase qui les contient; par la *compression*, phénomène commun pour le carbonate de chaux ou le liége, qui ont été pendant quelque temps pressés par la main; par le *calorique*, un grand nombre de corps manifestent des propriétés électriques quand ils sont échauffés; par les *actions chimiques*, il y a dans toutes les combinaisons chimiques développement d'électricité; par le *simple contact*, comme nous le verrons en parlant de la pile. Certains poissons, comme la torpille et le silure, développent de l'électricité.

Qu'est-ce donc que ce fluide si universellement répandu et qui produit des effets à la fois si puissants et si étranges? C'est un fluide subtil, impondérable, composé de deux principes différents par les effets qui se développent dans tous les corps et dans toutes les circonstances.

Comme une théorie de l'électricité ne vous amuserait pas, je vais vous parler de la production de ce fluide au moyen d'une machine, la machine électrique proprement dite, celle qu'on trouve dans tous les cabinets de physique.

— Même dans le tien, papa.

— Sans doute. Comme vous le voyez, cette machine se compose d'un disque ou d'une roue de verre, qui s'électrise en frottant sur des coussinets disposés de manière à exercer une friction douce, mais assez forte pourtant pour permettre le développement du fluide. Le fluide accumulé est recueilli par des pointes qui le conduisent dans des conducteurs portés sur des pieds de verre; le verre étant impropre à laisser le fluide s'écouler, les conducteurs conservent celui qui leur est apporté par les pointes. Quand les conducteurs sont chargés, et qu'on en approche la main, il y a une décharge électrique, c'est-à-dire qu'il s'échappe des conducteurs une étincelle très-visible, qui produit une petite détonation. La main reçoit alors un choc d'autant plus fort que la quantité de fluide est plus grande. S'il y en a peu, le choc ne va pas au delà du coude ou des bras; s'il y en a beaucoup, il se propage dans tout le corps; il pourrait nous foudroyer s'il y en avait une grande accumulation.

— Mais pour nous foudroyer, il faut donc que l'électricité agisse comme la foudre? dit Victor.

— La foudre et l'étincelle électrique sont une seule et même chose. C'est même pour cela qu'on avait proposé de remplacer dans les abattoirs la massue des bouchers par une machine électrique puissante qui eût tué tous les animaux d'un seul coup, quel qu'en eût été le nombre.

— Cent mille, par exemple?

— Tout ce que ton imagination pourra concevoir. Figure-toi la terre entourée d'une ceinture d'êtres vivants mis en rapport les uns avec les autres au moyen d'une chaîne. L'étincelle assez puissante pour tuer le premier, tuera le dernier en même temps.

— En même temps? C'est donc plus rapide qu'un chemin de fer?

— Le chemin de fer est une tortue boiteuse, à côté de l'étincelle électrique.

— Vive l'électricité ! s'écria Jules.

— On se met à l'abri de la commotion désagréable produite par l'étincelle, en se plaçant sur un tabouret muni de pieds de verre. C'est même ainsi qu'on charge d'électricité une personne dont les cheveux se dressent par suite de la répulsion électrique qu'ils exercent les uns sur les autres ; et elle peut, grâce à cet isolement, recevoir, sans en être incommodée, une quantité de fluide dix fois plus forte qu'il n'en faudrait pour la tuer.

Avant de tirer parti de l'électricité, on en a fait l'objet d'expériences curieuses ; ainsi le *carillon*, dont les timbres sont mis en jeu par le fluide électrique et sonnent alternativement ; *la danse électrique* de petites figures de sureau qu'on met sur des plateaux électrisés différemment, et qui sautent de l'un à l'autre.

— Papa, tu nous feras faire ces expériences, dit Jules.

— Oui. On peut enflammer avec l'étincelle électrique de l'éther, du phosphore, de la poudre. C'est même par ce moyen qu'on allume à une grande distance et à une grande profondeur sous l'eau, les mines destinées à faire sauter des blocs de rochers qui gênent la navigation.

L'*eudiomètre*, destiné à produire la combinaison ou la décomposition des gaz, est mis en action par l'étincelle électrique.

Le *pistolet de Volta* consiste en un vase de métal dont le bouchon est traversé par un conducteur armé de deux boules, l'une en contact avec la chaîne de la machine, et l'autre plongée dans un mélange d'oxygène et d'hydrogène, qui détone sous l'influence de l'étincelle.

Le *carreau électrique*, plaque de verre revêtue de deux feuilles de métal, comme le papier d'étain dont on se sert pour envelopper le chocolat, est un appareil qui se charge d'une quantité considérable d'électricité et produit des effets terribles. On courrait un grand danger à décharger ces carreaux, si l'on n'avait le soin de tenir avec une tige de verre qui vous isole, les arcs métalliques au moyen desquels on opère la décharge. L'étincelle produite par le carreau électrique est d'autant plus forte, que les surfaces des deux feuilles métalliques sont plus étendues, et qu'on l'a chargé d'une plus grande quantité d'électricité.

On réunit encore le fluide électrique dans un appareil qu'on appelle la *bouteille de Leyde.* C'est un flacon de verre recouvert intérieurement et extérieurement d'une feuille d'étain jusque vers le haut. L'intérieur est rempli de feuilles d'or pour multiplier les surfaces et recevoir plus d'électricité. Le goulot est garni de gomme laque, pour empêcher la communication des feuilles d'étain l'une avec l'autre, et le bouchon est traversé par une tige de métal garnie d'une boule. On charge cette bouteille en l'approchant du conducteur de la machine électrique, et l'on y peut accumuler une quantité considérable de fluide, qu'on décharge d'un seul coup avec une commotion terrible, ou peu à peu, au moyen d'un conducteur.

Les effets produits par un assemblage de bouteilles de Leyde, appelé *batterie électrique*, sont tels, que l'on peut faire fondre un fil de fer, d'or ou de platine, et tuer un animal qui s'approcherait imprudemment du conducteur. On voit journellement sur les routes traversées par les fils des télégraphes électriques, des oiseaux morts foudroyés. Les pauvres animaux ont voulu sans doute se poser sur ces fils trompeurs, et ils sont tombés morts sous l'influence de la décharge électrique.

Avant de vous parler des applications récentes de l'électricité, je vais vous entretenir de l'électricité atmosphérique. Le célèbre Franklin, auteur de petits livres de morale, s'était beaucoup occupé de physique, et surtout d'électricité. Il fut frappé de l'analogie qui existe entre la foudre et cette puissance encore peu connue. Il publia des lettres dans lesquelles il faisait remarquer que l'éclair est ondoyant et crochu comme les zigzags de feu qu'on tire d'une batterie électrique ; que la foudre semble attirée par certains corps plutôt que par d'autres, absolument comme l'électricité; enfin, que la foudre et l'électricité mettent le feu aux matières combustibles, fondent les métaux et tuent les animaux.

Une expérience heureusement faite vint confirmer les idées de Franklin. Un jour d'orage, il sortit avec son fils et lança dans les airs un cerf-volant armé d'une pointe de fer, pour enlever aux nuages leur électricité. Il ne réussit pas d'abord ; mais une averse étant survenue, la corde une fois mouillée devint meilleur conducteur de l'électricité, et il en put tirer de très-fortes étincelles, dont l'explosion ressemblait à des coups de pistolet.

En reconnaissant la justesse de ses appréciations, Franklin se sentit ému jusqu'aux larmes. En France et en Russie, des expériences analogues furent tentées à la même époque ; elles coûtèrent la vie au professeur Richmann, de Saint-Pétersbourg. Il avait établi au-dessus de sa maison une verge de fer qui descendait jusque dans son cabinet, où elle venait aboutir à un piédestal de verre.

— Pourquoi ce piédestal? demanda Jules.

— Parce que si la barre de fer n'eût pas été portée par un corps non conducteur, l'électricité se serait écoulée dans le sol. N'avez-vous pas remarqué que les fils du télégraphe électrique sont supportés par des godets de porcelaine qui les isolent des poteaux, le long desquels l'électricité passerait pour aller aussi se perdre dans la terre?

— Je les avais bien remarqués; mais je ne savais pas pourquoi on avait choisi à ces fils des supports de porcelaine plutôt que de bois. Maintenant je ne l'oublierai plus. Mais pardon, père, comment le professeur russe fut-il tué par la foudre?

— La barre de fer élevée au-dessus de sa maison, attirant l'électricité des nuages, la conduisit dans son cabinet, où elle s'accumula, puisque le verre placé à sa base l'isolait du parquet. Richmann avait préparé un instrument à l'aide duquel il allait faire jaillir des étincelles de cette barre ; mais quelqu'un étant entré chez lui, il se leva et s'approcha par distraction de l'appareil chargé de l'électricité. Aussitôt une boule de feu s'en détacha, et vint le frapper à la tête. On essaya de le secourir ; il était mort.

Dès qu'il fut prouvé que la foudre et l'étincelle électrique sont de même nature, on comprit que les nuages, pouvant être chargés de deux électricités différentes, s'attirent les uns les autres, et que du choc des deux fluides jaillit l'étincelle ou l'éclair.

La foudre éclate encore quand un nuage orageux est très-rapproché de la terre ; aussi arrive-t-il souvent que les clochers ou le sommet des arbres très-élevés sont frappés de la foudre.

Le tonnerre est le dégagement bruyant de l'étincelle électrique ; il est en grand ce qu'est en petit le pétillement de nos machines, et le bruit est proportionné à la quantité de fluide accumulé.

Quand un nuage électrisé passe près de la surface de la terre, il en décompose le fluide naturel, attire le fluide contraire et repousse celui de même nom. Il en résulte quelquefois que les fluides s'accumulent à la surface des corps élevés et terminés en pointe, et s'échappent en langue de feu, qu'on connaît en météorologie sous le nom de *feu Saint-Elme*. Lorsqu'il y a décharge instantanée, l'étincelle électrique produit des effets aussi surprenants que terribles. Elle fond et vitrifie les matières inorganiques, telles que les rochers, les pierres, les sables, dans lesquels elle s'enfonce en donnant naissance à des tubes vitrifiés qu'on appelle *fulgurites ;* elle brise et déchire tout ce qu'elle touche, met le feu aux corps combustibles, et tue les animaux sans laisser souvent trace de son passage.

— Papa, l'étude des phénomènes dont tu nous parles ne forme-t-elle pas ce qu'on appelle la météorologie ? dit Victor.

— Oui, mon ami. La météorologie est la science des météores, c'est-à-dire des phénomènes qui se passent dans l'atmosphère, comme le tonnerre, les éclairs, la pluie, la grêle, la neige, les trombes, etc.

— Explique-nous, cher papa, je t'en prie, comment se produisent tous ces phénomènes extraordinaires que nous voyons se renouveler sous nos yeux sans les comprendre. Je serais curieux de connaître leur formation, surtout celle des trombes, dont les effets désastreux se font sentir parfois bien cruellement dans certaines contrées. On parle encore souvent d'une qui a causé bien des ravages et fait bien des victimes, il y a déjà longtemps, dans la vallée de Malaunay, près de Rouen.

— Ces faits étonnants, mes enfants, méritent à juste titre qu'on s'arrête à les étudier ; et puisque cela vous fait plaisir, je vais vous donner quelques notions sur ces phénomènes, qu'on appelle *météores électriques*. Comme vous le voyez, nous ne sortons pas de notre sujet, au contraire ; et vous allez parfaitement me comprendre, si vous prêtez une oreille attentive.

Des physiciens ont attribué la formation de la *pluie* et le bruit du tonnerre à la combustion rapide du gaz hydrogène ; mais cette hypothèse est sans fondement ; d'autres pensent que les vapeurs vésiculaires à l'état électrique, par le contact avec un autre nuage ou par la communication avec le sol, se rapprochent tout à coup et produisent la pluie.

Un des phénomènes les plus remarquables que l'on doive attribuer à l'électricité atmosphérique, est certainement la formation de la grêle ; elle se remarque surtout dans nos climats aux heures les plus chaudes de la journée. Elle tombe rarement pendant la nuit; elle précède et accompagne souvent les pluies d'orage.

Pour expliquer comment la grêle peut se former au-dessous de la région des neiges éternelles et pendant la saison la plus chaude, Volta admet qu'elle est due : 1° à l'évaporation favorisée par les rayons solaires qui frappent la partie supérieure du nuage; 2° à la sécheresse de l'air qui est au-dessus; 3° à la tendance des vésicules de vapeur à passer à l'état élastique, puisqu'elles se repoussent entre elles; 4° enfin à l'état électrique du nuage qui, dit-il, favorise l'évaporation.

La sécheresse de l'air qui se trouve au-dessus du nuage est une condition essentielle de la formation de la grêle; car sans cela la vapeur élastique se condense à mesure qu'elle se forme, dégage une grande quantité de chaleur latente, et le refroidissement n'est plus aussi intense. Volta admet en outre la condition que le soleil frappe la partie supérieure du nuage, et il explique ainsi pourquoi la grêle tombe presque toujours pendant le jour. Sous ces influences, il se forme des flocons de neige qui constituent les noyaux des grêlons. Pour expliquer leur accroissement, on admet l'existence nécessaire de deux nuages superposés ; le nuage supérieur est formé par la condensation de la vapeur provenant de la couche inférieure. Les deux couches se chargent d'électricité opposée : la supérieure devient positive, l'inférieure, dont les particules s'évaporent, est négative.

Pour se rendre compte de la formation des grêlons, Volta se fonde sur l'expérience bien connue de la danse des pantins. On sait en effet que si l'on fixe au conducteur d'une machine électrique une plaque de cuivre horizontale, et qu'on place à quelque distance une autre plaque communiquant avec le sol, les corps légers placés entre les deux plaques, étant alternativement attirés et repoussés, s'élancent continuellement d'une plaque à l'autre. Suivant Volta, la même chose se passe entre les nuages orageux. Les flocons de neige de la couche inférieure de nuages sont électrisés comme elle; ils sont donc repoussés et attirés par le nuage supérieur. Dès qu'ils le touchent, ils partagent son électricité, sont repoussés, et retombent sur le nuage inférieur dans lequel ils pénètrent; alors ils sont de nouveau repoussés, et ainsi de suite. Ces attractions et ces répulsions peuvent durer pendant plusieurs heures; en même temps les grains se réunissent en masses, condensent autour d'eux les vapeurs qui les environnent, et les convertissent en glace. Ils se choquent entre eux, et il en résulte ce bruit qui, au dire de quelques observateurs, précède les nuages orageux. Lorsque les grêlons ont atteint une certaine dimension, le nuage inférieur ne peut plus résister à l'action de la pesanteur; ils traversent la couche, et tombent à la surface de la terre.

On donne le nom de *trombe* à un nuage épais d'une forme particulière et animé de divers mouvements; sa forme est le plus souvent celle d'un cône renversé.

Ce nuage lance autour de lui, avec une violence considérable, des torrents de pluie souvent mêlée de grêle; l'air qui l'environne est dans une inexprimable agitation, les arbres sont déracinés, les maisons renversées; il entraîne tout ce qui ne présente pas une grande résistance. On voit des globes de feu, des étincelles électriques, et une odeur de soufre a souvent été signalée dans les habitations atteintes par le météore. Enfin voici le phénomène le plus remarquable : lorsque la trombe passe au-dessus des surfaces remplies d'eau, ce liquide est soulevé comme par un véritable effet d'aspiration. C'est probablement à cet effet qu'on doit attribuer les pluies de crapauds que plusieurs observateurs dignes de foi ont constatées. Une remarque importante que l'on peut faire sur la trombe marine, c'est que lorsqu'elle est traversée par un boulet de canon, ordinairement elle se divise; la partie inférieure disparaît, et la partie supérieure reste comme suspendue aux nuages.

La trombe ne paraît être qu'une transformation particulière de l'orage, un nouveau mode de décharge de l'électricité des nuages. M. Pelletier, qui a observé avec soin la marche de la trombe qui dévasta la commune de Chatenay, le 10 juin 1839, donna une théorie satisfaisante de ce phénomène, qui, d'après la description qu'il a publiée, a dû être occasionné par la présence, au même lieu, de deux orages chargés de la même espèce d'électricité, l'un supérieur, l'autre inférieur. Le premier, qui s'était à peu près formé sur place, repoussant le second, qui arrivait assez rapidement du sud, les nuages placés en tête de ce dernier s'abaissèrent vers la terre, formèrent une trombe, et communiquèrent avec le sol par l'intermédiaire des arbres. Cette communication établie, le tonnerre cessa de gronder ; la décharge de l'orage inférieur, ainsi transformé, s'opéra successivement par les arbres de la plaine, qui furent desséchés, brisés, rompus ou déracinés. Tandis que l'orage inférieur subissait cette transformation, l'orage supérieur était resté stationnaire; mais dès que la trombe fut parvenue au-dessous de ses limites, il commença à s'ébranler, et s'éloigna vers l'ouest.

M. Pelletier est parvenu à reproduire en petit les traits les plus saillants du phénomène qu'il avait si bien observé. Il employa pour cela un globe de métal chargé par une machine électrique toujours en mouvement, et qui remplaçait le nuage abaissé de la trombe; des tiges implantées dans ce globe, et qui se terminaient soit en pointes, soit en boules polies, représentaient les inégalités du nuage. Le globe constamment électrisé attire les corps légers, les repousse, et leur imprime des mouvements giratoires lorsqu'ils éprouvent des résistances inégales, ou lorsque leur forme est allongée ou plate. Si l'on place à peu de distance au-dessous un vase contenant un liquide échauffé, les vapeurs s'élèvent plus vite, et la vaporisation est jusqu'à trois fois plus considérable.

Le disque de métal disposé au-dessus d'une masse d'eau exerce une action dépressive, s'il est garni de pointes; au contraire, s'il est muni de boules polies, il la soulève en boutons coniques.

On a donné le nom de *choc en retour* à un foudroiement sans éclair, résultant de la mise en liberté spontanée d'une accumulation d'électricité par un corps quelconque, tel, par exemple, qu'un arbre.

Une fois la nature de l'éclair et de la foudre connue, il ne restait qu'à inventer le paratonnerre. Ce fut Franklin qui imagina le premier ce moyen de mettre les grands édifices à l'abri de la foudre qu'ils attirent par leur élévation.

Le paratonnerre est une tige de fer ayant la

pointe en laiton garnie d'un petit morceau de platine. Il fait l'effet des pointes dans la machine électrique, il soutire l'électricité dont un nuage est chargé et la dirige, au moyen d'une chaîne dont l'extrémité plonge sous le sol, dans le réservoir commun.

— Est-ce qu'un seul paratonnerre peut préserver un bâtiment tout entier, quelque grand qu'il soit? demanda Emile.

— Non. Chaque paratonnerre préserve un espace circulaire dont le diamètre est de quatre fois sa longueur. Ainsi un paratonnerre de 5 mètres protégera un espace circulaire de 20 mètres. Ordinairement les paratonnerres ont 7 ou 8 mètres.

Une expérience de près de quatre-vingts années sur l'efficacité des paratonnerres démontre que, lorsqu'ils ont été construits avec les soins convenables, ils garantissent de la foudre les édifices sur lesquels ils sont placés. Dans les Etats-Unis d'Amérique, où les orages sont beaucoup plus fréquents et plus redoutables qu'en Europe, l'usage des paratonnerres s'est promptement répandu ; il n'y a guère de maisons un peu importantes qui n'en soient munies ; aussi le nom de Franklin est en vénération dans son pays.

— On dit pourtant, papa, que le paratonnerre attire la foudre, et que son voisinage est un danger pour les bâtiments qui n'en sont pas pourvus.

— On a tort, mon cher Emile ; quand un paratonnerre est bien construit, il n'arrive presque jamais qu'il soit foudroyé. Quant à attirer la foudre sur les édifices voisins de ceux qu'il protége, cela ne se peut ; car son influence ne s'étend pas au delà d'un rayon déterminé. D'ailleurs, cette influence est plutôt utile que nuisible, puisqu'elle enlève aux nuages une partie de l'électricité dont ils sont chargés.

— Papa, te rappelles-tu que, pendant un orage qu'il a fait l'été dernier, la pointe du paratonnerre de la Monnaie brillait au milieu de la nuit comme une aigrette de flamme ?

— Je me le rappelle parfaitement. Cette aigrette lumineuse, qu'on remarque très-souvent par les nuits orageuses, est produite par le choc de l'électricité positive des nuages et de l'électricité négative de la terre, qui s'attirent et se neutralisent mutuellement. L'action du paratonnerre est presque toujours paisible ; c'est seulement quand le fluide électrique est par trop abondant que le paratonnerre peut être foudroyé ; mais encore une fois, cela est très-rare.

La propriété qu'a le paratonnerre d'attirer plus fréquemment la foudre suppose aussi celle de la transmettre librement dans le sol, et dès lors il ne peut en résulter aucun inconvénient pour la sûreté.

On recommande l'usage des pointes aiguës pour les paratonnerres, parce qu'elles ont l'avantage, sur les barres arrondies à leur extrémité, de verser continuellement dans l'air un torrent de matière électrique de nature contraire à celle des nuages, et de soutirer celle-ci pour la conduire dans le sol.

Voici en définitive les conditions essentielles pour que les paratonnerres ne puissent jamais être dangereux :

1° Que la pointe de la tige soit bien aiguë ;

2° Que le conducteur communique parfaitement au sol ;

3° Que, depuis la pointe jusqu'à l'extrémité inférieure du conducteur, il n'y ait aucune solution de continuité ;

4° Que toutes les parties de l'appareil aient des dimensions convenables.

— Papa, n'a-t-on pas appliqué l'électricité à la médecine? demanda Emile.

— Oui, mon ami, mais c'est surtout le galvanisme. Pourtant on donne aux personnes malades de petites décharges électriques qui parfois guérissent ou amendent certaines paralysies, quand elles ne sont pas incurables.

Le *galvanisme* est peut-être, de tous les moyens de production de l'électricité, celui qui a le plus d'avenir. Il n'a pas besoin, pour le développement du fluide, d'une machine en mouvement; il exige seulement la mise en contact de certains corps.

Ce fut le célèbre Italien Galvani qui découvrit le mode de production d'électricité qui porte son nom. Il fit cette découverte dans des circonstances assez extraordinaires. En dépouillant une grenouille, il remarqua que si l'on touche en même temps ses muscles et ses nerfs avec un arc métallique, elle s'agite et entre en convulsion, comme si elle était douée de vie et de sensibilité. Volta observa le phénomène et reconnut que, pour qu'il y ait mouvement, il faut que l'arc métallique soit composé de deux métaux. Il en conclut que le fluide électrique ne provenait nullement du corps de la grenouille, mais des deux métaux, et que, dans cette expérience, la grenouille ne servait que d'appareil excitateur.

Il avait raison; car, depuis lors, on a constaté que l'électricité se développe par le simple contact de deux métaux. Volta imagina alors de réunir en une colonne, appelée *pile*, un certain nombre de paires de plaques de métal différent, séparées entre elles par un corps non conducteur, et il arriva au résultat qu'il avait supposé devoir se produire. Ses plaques étaient de cuivre et de zinc, et chaque paire était séparée par un corps humide, drap, papier ou carton. Les deux métaux sont doués d'une électricité différente. Le zinc est pourvu de l'électricité positive, et le cuivre, de l'électricité négative, de telle sorte que, suivant qu'on met la pile en contact avec le sol par le zinc ou par le cuivre, on obtient la production d'une électricité différente. On fixe des fils métalliques aux deux extrémités de la pile, et le développement d'électricité commence pour ne plus s'arrêter; car ce qui distingue la pile de la batterie électrique, c'est qu'une fois que la dernière a donné sa décharge, il ne reste plus que des flacons vides, tandis que la puissance de produire de l'électricité persiste dans l'autre, tant qu'il reste ensemble des morceaux de métal.

— Tous les métaux ne produisent donc pas de l'électricité, puisqu'on choisit le zinc et le cuivre ?

— Tous sont susceptibles d'en produire ; mais ils n'en fournissent pas autant que ces deux métaux, qui ont en outre l'avantage d'être d'un prix peu élevé.

La quantité d'électricité produite dépend du nombre des plaques, et non pas de leur grandeur.

Depuis l'invention de Volta, on a varié la construction des piles de mille manières. On en a fait à auge, comme celle que vous aviez au collége, dans le laboratoire du père Lebas ; on en a fait aussi de *sèches ;* celles-ci sont trop curieuses pour que je ne vous les fasse pas connaître. Celle de Zamboni est la plus intéressante ; il construisait sa pile avec des rondelles de papier zingué ou argenté d'un seul côté, et sur l'autre côté duquel on mettait du peroxyde de manganèse en poudre. Ces colonnes, qui se composent de milliers de paires de rondelles, sont enduites de soufre ou de résine pour en empêcher la détérioration. Leur action est très-peu forte et se dissipe facilement; quand le fluide qu'elles produisaient est dissipé, elles deviennent inertes; il faut quelque temps pour qu'elles acquièrent des propriétés électriques nouvelles. On s'en est servi pour faire des horloges qui ont bien marché, mais qu'on n'a jamais pu régler. On en a fait des jouets fort jolis, entre autres un petit carrousel qui tourne toujours, et ne doit son action continue qu'au peu de force qu'il faut pour le mettre en mouvement.

Aujourd'hui on se sert de piles au charbon; elles se composent d'un vase de terre contenant un cylindre de charbon, puis, au centre, un cylindre de zinc; chacun des deux cylindres porte un conducteur. Dans l'intérieur du cylindre on verse de l'eau acidulée, et l'électricité se produit avec assez de force pour qu'on puisse, avec une batterie de ces appareils, produire toutes les actions qu'on désire.

On voit, sous l'influence de ces piles, des fils métalliques devenir incandescents et fondre sur-le-champ; les corps les plus réfractaires ne peuvent résister à l'influence de ces agents puissants. C'est avec des appareils semblables que Davy, le chimiste anglais, découvrit le métal de la potasse et de la soude. Le diamant lui-même, malgré sa dureté et son infusibilité apparente, est brûlé par la pile galvanique.

C'est au moyen d'une batterie de ces piles qu'on a obtenu la lumière électrique. Ce fut d'abord dans le vide qu'on la produisait. On enfermait dans un tube où le vide avait été fait, deux petits cônes de charbon qui se touchaient par la pointe; les deux cônes étaient en rapport avec les conducteurs d'une pile ou d'une batterie, et, tant que les deux pointes n'étaient pas émoussées et qu'elles conservaient entre elles une distance semblable, il y avait production de lumière. Cette lumière, qu'on obtient à l'air libre, est tellement éclatante, que le gaz, malgré sa supériorité immense sur tous les autres moyens d'éclairage, semble rougeâtre, comme le paraît, auprès du gaz, une lampe fumante.

La lumière électrique est si puissante, qu'avec un seul foyer, placé comme un phare sur un des points les plus élevés de Paris, on prétendait pouvoir éclairer toute la ville de manière à permettre, à toute heure de nuit, la circulation dans les rues avec autant de facilité qu'un jour d'illumination générale. Nous en avons vu des essais;

il est positif que le jour n'est pas plus brillant. Mais il y avait une difficulté : les pointes de charbon s'écartaient, et la lumière était tantôt vive, tantôt terne et affaiblie ; pour obtenir un éclairage uniforme, il fallait avoir, à poste fixe, un homme qui repoussât les charbons de manière à les rapprocher entre eux pour que la distance qui les séparait restât la même.

Ce problème occupa pendant un certain temps les physiciens. Après bien des expériences, on désespérait de trouver une solution à cette difficulté, quand on imagina de faire marcher les charbons l'un vers l'autre par l'intermédiaire de la pile elle-même. C'était un grand pas vers le perfectionnement de notre système d'éclairage public. Mais une autre difficulté consistait dans le haut prix de la production de l'électricité. Les batteries exigeaient des métaux, des acides, et le produit était nul; car ni les acides employés ni les sels obtenus n'avaient de valeur commerciale assez considérable pour qu'on pût retrouver la moindre partie des sommes dépensées pour obtenir la lumière.

Il y a peu de temps, on a annoncé une découverte qui permet non-seulement de produire pour rien la quantité d'électricité nécessaire à l'éclairage, mais encore de fournir au commerce, à très-bon marché, des couleurs métalliques supérieures à celles qui lui sont fournies aujourd'hui par les fabriques de produits chimiques. Il n'y a plus qu'un inconvénient dans l'emploi de la lumière électrique, c'est qu'on n'en peut restreindre l'éclat et qu'elle produit une chaleur très-considérable.

— Papa, ce sont des couleurs pour la peinture que l'électricité donne?

— Sans doute, des couleurs fort belles, dit-on, car je n'en ai pas vu : de l'outremer, du bleu de Prusse, du vert, du brun, du rouge; une fois sur la voie des découvertes, on ne s'arrête plus.

— Explique-nous, cher papa, ce nouveau miracle.

— Ce n'est pas un miracle, mes enfants, c'est l'effet d'une action purement chimique.

On établit une batterie de fer et de zinc, en employant deux acides : de l'acide azotique pour le fer, de l'acide sulfurique pour le zinc; on verse dans chaque réservoir du cyanure de potasse, qui augmente encore la puissance galvanique, et l'on obtient, dans le réservoir au fer, du bleu de

Prusse, et dans celui au zinc, de l'outremer. Avec le plomb, le zinc et du chromate de potasse, on obtient un fort beau jaune; avec le cyanure de potasse et le plomb, du blanc; enfin toutes les couleurs.

— Voilà, certes, une admirable découverte, dit Emile.

— Elle est à sa naissance, et qui sait ce qu'elle pourra produire dans la suite des temps? On dit que ces couleurs n'ont besoin, pour être livrées au commerce, que d'être lavées et séchées.

— Papa, ne nous parleras-tu pas des télégraphes électriques? demanda Victor.

— Il faut encore que je vous dise un mot de la galvanoplastie. Voici en quoi elle consiste. Quand on met dans un bain d'un sel métallique quelconque une pièce de métal, médaille, couvert, statuette, et qu'on y fait passer un courant électrique, le sel métallique abandonne l'acide qui avait servi à le former, et se change en un métal brillant, qui se dépose sur l'objet fixé à l'un des conducteurs. Cette propriété intéressante fut longtemps le sujet de simples expériences de laboratoire, puis elle fut appliquée à l'industrie, et l'on remplaça par la galvanoplastie la dorure et l'argenture, si pernicieuses toutes deux pour les ouvriers. Aujourd'hui on recouvre d'une couche très-mince d'or ou d'argent, non plus seulement des pièces de métal, mais des objets en terre, en plâtre, en bois, après les avoir recouverts d'une substance métallique ; ce qui fait tomber à un prix très-bas des objets d'un haut luxe, qui ne pouvaient prendre place que dans les palais des princes.

— Papa, les couverts Ruolz ne sont-ils pas argentés par les procédés galvanoplastiques ? demanda Victor.

— Oui, la dorure et l'argenture électro-chimiques furent inventées par M. de Ruolz, chimiste français. Il n'y a guère de cela qu'une trentaine d'années ; mais le commerce des pièces argentées et principalement des couverts ne tarda point à prendre la plus grande extension. On découpe ces couverts à la mécanique ; quand on leur a donné la forme voulue, on les plonge dans de grandes cuves remplies par un bain de cyanure d'argent en dissolution dans du cyanure de potassium. Ce bain est alimenté par de minces lingots d'argent suspendus au pôle positif de la pile.

De magnifiques pièces d'argenterie, des surtouts de table, des châsses de saints, des objets d'art de toutes sortes, peuvent être reproduits en cuivre par la galvanoplastie, puis argentés par les procédés électro-chimiques. Pour cela, on recouvre de plâtre fin délayé dans l'eau, ou mieux encore de gutta-percha, le modèle qu'on a choisi ; on détache ce moule, on l'enduit de plombagine à l'intérieur, on l'attache au pôle négatif de la pile et on le dépose dans un bain de sulfate de cuivre. Le courant électrique décompose le sulfate, et le cuivre s'attache au moule sous sa forme métallique.

Le même procédé sert à obtenir le cliché des gravures sur bois ou sur cuivre ; ce qui permet de conserver intactes les belles œuvres des maîtres, ou les types des billets de banque, des timbres-poste, des actions ou des obligations diverses.

— Voïlà de bien beaux résultats dus à la découverte de l'électricité galvanique, dit Victor. Il me semble cependant que la télégraphie électrique en est encore une plus heureuse application.

— Voilà certes une découverte tout à fait moderne, et qui ne remonte pas à plus de dix ans, ajouta Emile.

— Tu raisonnes comme un enfant. Rappelle-toi que fort rarement une découverte se fait, comme on dit, de premier jet. Il y a toujours quelques tentatives qui précèdent : tels sont, ainsi que vous l'avez vu, les essais de Salomon de Caus. Le télégraphe électrique en est là. En 1811, un Allemand, nommé Sœmméring, imagina un télégraphe fondé sur la décomposition de l'eau par la pile, c'est-à-dire sur la production de l'électricité. En 1820, Ampère proposa de se servir du courant galvanique pour correspondre télégraphiquement. Il y eut, en 1837, un essai à Munich, chez M. Steinheil ; et en 1840, M. Wheastone, de Londres, construisit un appareil qui est la base de tous ceux qui ont été établis d'abord dans les divers pays de l'Europe ou qui continuent de s'y répandre. Enfin, en 1844, M. Samuel Morse établit entre Washington et Baltimore la première ligne télégraphique. Son appareil, moins compliqué que celui de M. Wheastone, l'a remplacé en France, où il porte le nom de télégraphe enregistreur.

L'impulsion est donnée par une pile à charbon ; et les deux appareils, l'un destiné à transmettre les nouvelles, l'autre à recevoir la réponse, sont en communication par des fils métalliques, dont les uns partent de la station du départ, et l'autre de la station d'arrivée.

Dans le télégraphe Wheastone, chacun des deux appareils est muni d'un cadran sur lequel se meut une aiguille qui peut correspondre à autant de lettres qu'il y en a dans l'alphabet. Quand le courant est en activité, et que le cadran de la station d'arrivée est disposé à reproduire les mouvements qui se passeront sur le cadran du départ, la personne chargée de la transmission d'une dépêche prend l'aiguille de son cadran et la place sur la première lettre du mot qu'elle veut envoyer à la station d'arrivée. Prenons *Paris* pour exemple; elle place l'aiguille sur le P; l'aiguille du cadran d'arrivée, mue par le courant électrique, reproduit le mouvement imprimé à l'aiguille du cadran de départ, et marque P, puis A, puis R, enfin toutes les lettres successivement.

Dans le télégraphe enregistreur, l'appareil écrit lui-même la dépêche au moyen de barres et de points correspondant aux lettres de l'alphabet, et la même dépêche se reproduit au point d'arrivée.

Pour appeler l'attention de la personne à laquelle on écrit, on a adapté à la station d'arrivée une sonnerie qu'on a soin d'introduire dans le courant, toutes les fois que la correspondance est suspendue.

Avez-vous bien compris ?

— Sans doute ; rien de plus simple, dit Jules.

— On doit aller bien vite ? reprit Emile.

— Aussi vite que va l'électricité, c'est-à-dire avec une rapidité dont rien n'approche.

Les malfaiteurs doivent être mécontents de cette invention ; car elle permet d'aller plus vite qu'ils ne peuvent fuir. Un voleur s'empare d'une somme considérable, il saute dans le premier wagon qui passe et se croit sauvé. Le télégraphe électrique joue, et il est arrêté à la première station.

— Bravo ! s'écria Jules. Vive l'électricité !

— Le télégraphe n'est pas seulement utile à la police ; il favorise les transactions commerciales, en permettant de traiter promptement les affaires importantes ; il sert à transmettre les ordres du gouvernement et les nouvelles politiques ; enfin, plus d'un père subitement frappé par la maladie lui a dû la consolation de mourir entre les bras de ses fils.

— Oh ! papa, tu veux donc nous attrister, dit

Jules, dont les yeux se remplirent de larmes.

— Non, mon enfant ; mais il est sage de ne pas toujours détourner son esprit des malheurs dont on peut être frappé. Continuez d'ailleurs, toi et tes frères, à être dociles et bons ; et si vous pleurez quand Dieu me rappellera, vos larmes seront moins amères; car vous ne m'aurez jamais donné que de la joie. Mais revenons au télégraphe.

Dès qu'on eut obtenu de l'électricité ces communications rapides, on se demanda si les mers devaient y mettre un insurmontable obstacle. L'eau, vous le savez, est bon conducteur de l'électricité ; mais on supposa qu'en enveloppant les fils électriques d'une substance isolante, on pourrait faire arriver le fluide d'une rive à l'autre d'un fleuve, d'un bras de mer, et peut-être lui faire traverser l'Océan. Il ne fallait songer ni au verre ni à la porcelaine ; mais la gutta-percha, nouvellement connue, parut tout à fait propre à les remplacer.

Plusieurs fils de cuivre, enveloppés de gutta-percha, furent revêtus de cordages, entourés eux-mêmes de goudron et défendus par une cuirasse de fil de fer, formèrent un câble électrique ;

et ce câble, déposé au fond de la mer, relia bientôt l'ancien et le nouveau monde.

— C'est vraiment merveilleux, dit Victor. On ne peut trop honorer ceux qui savent tirer de la science un si grand et si utile parti.

— Tu as raison, mon ami; et je m'applaudirai de vous avoir donné ces petites leçons, si j'ai pu vous inspirer l'amour de la science, dont les applications sont si belles et si variées.

On a encore appliqué l'électricité à la marche des horloges, et l'on ne désespère pas d'arriver à remplacer la vapeur par le mouvement électro-magnétique.

Je ne vous décrirai pas les machines d'essai construites jusqu'à ce moment; non pas qu'elles ne fonctionnent d'une manière satisfaisante, et qu'on n'obtienne un mouvement bien prononcé, car il existe en ce moment, à Paris, une machine de la force d'un cheval-vapeur; mais les frais de zinc et d'acide ne permettent pas de s'en servir avec avantage, parce que le charbon est moins dispendieux que les matières employées pour produire l'électricité. C'est des perfectionnements de la pile qu'on attend la solution de ce problème. Si la découverte de la fabrication des couleurs se confirme et qu'elle soit pratiquée en grand, on pourra voir des locomotives mues par ce procédé, qui économisera la houille.

— Cher papa, une question : pourquoi as-tu dit un cheval-vapeur?

— Parce que le cheval-vapeur est une unité de convention. On appelle cheval-vapeur la force nécessaire pour élever 75 kilogrammes à 1 mètre de hauteur en une seconde.

Vous voyez de quelle importance est l'électricité galvanique. Je ne vous parlerai pas de ses applications en chimie, parce qu'elles sont trop savantes pour vous.

— Est-ce que la pile produit une commotion semblable à celle de la machine électrique? demanda Victor.

— La même, à cette différence près que la sensation est continue, tandis que celle de la machine électrique est instantanée.

— Papa, tu nous as parlé des poissons électriques. La commotion qu'ils causent est-elle forte?

— Assez forte pour engourdir les animaux qui la reçoivent, pour les priver de sentiment, même pour les faire mourir.

— Grand merci. Je n'irai pas me frotter contre les torpilles, dit Jules.

— Et le *magnétisme*, que nous en diras-tu, papa ? demanda Émile.

— Le magnétisme, dont le nom vient de *magnès*, aimant, sert à désigner la propriété d'un minerai qui n'est autre qu'un deutoxyde de fer naturel, lequel possède la propriété d'attirer le fer, le nickel et le cobalt. Cette attraction s'exerce à travers tous les corps.

Comme l'électricité, le fluide magnétique se divise en deux parties, répondant au fluide positif et au fluide négatif de la pile ; seulement, c'est une propriété permanente et qui ne circule pas comme l'électricité. Quand on prend un barreau d'acier aimanté et qu'on le plonge dans la limaille d'acier, on le voit se couvrir de longues aiguilles soyeuses aux deux extrémités et rien au milieu. Ce milieu se nomme la *ligne moyenne* ou l'équateur, et les deux extrémités s'appellent les *pôles*. Mais, par une singularité qui frappe d'étonnement, quand on coupe un aimant par la moitié, chacune des deux parties devient un aimant parfait, avec ses deux pôles et sa ligne moyenne.

Pour aimanter un barreau d'acier, on se borne

souvent à passer le barreau sur le pôle d'un aimant. Il y a des procédés qui augmentent la force magnétique; mais je ne vous en parlerai pas, parce que vous ne pourriez les retenir sans une démonstration expérimentale.

Ce qui vous intéressera le plus, c'est de savoir qu'on aimante un barreau de fer doux, c'est-à-dire pur, en le suspendant verticalement : c'est l'effet du magnétisme terrestre; mais les pôles changent chaque fois qu'on le retourne. Pour les fixer, on a recours à la percussion. Au moyen d'un marteau on empêche le fluide magnétique de se déplacer. Certaines actions chimiques produisent le même résultat.

Un phénomène naturel des plus étranges, et qui a été appliqué dans la construction de la boussole, c'est que toutes les aiguilles aimantées, suspendues horizontalement et librement, prennent une même direction, et ont leurs pôles tournés dans le même sens.

Vous savez quels sont les services rendus à la navigation par la découverte de la boussole. Je dois maintenant vous apprendre qu'elle n'indique pas le nord avec exactitude. Elle subit une déclinaison. Cette déclinaison varie suivant les lieux.

Au XVIe siècle, elle était orientale, et elle varia de 11° à 8° pour arriver à 0° au milieu du XVIIe siècle. Aujourd'hui elle est de 23°, mais dans le sens opposé, c'est-à-dire que la déclinaison est occidentale.

Les tremblements de terre, les éruptions volcaniques, font brusquement varier la direction de l'aiguille aimantée ; c'est ce qu'on appelle des *perturbations*.

Si demain l'aiguille aimantée disparaissait, notre navigation serait morte. Il nous faudrait, comme les anciens, nous contenter de suivre les côtes sans perdre la terre de vue ; mais nous n'en sommes pas là, et, grâce au progrès des sciences, nous tirons chaque jour un meilleur parti de ces agents invisibles qui sont répandus dans toute la nature.

— Papa, sait-on qui a inventé la boussole ? demanda Jules.

— On ne le sait pas d'une manière positive. Cependant on croit que les Chinois ont utilisé les premiers la propriété qu'a l'aiguille aimantée de se tourner vers le nord, et que la boussole, portée par eux dans les Indes, passa en Europe vers la fin du XIIIe siècle. Deux petits brins de bois entrecroisés et placés dans un verre à demi rempli d'eau servaient alors à porter l'aiguille aimantée.

Cet appareil tout primitif est aujourd'hui remplacé par une boîte ronde en cuivre, fermée en haut et en bas par deux glaces, et contenant un pivot creusé en entonnoir, dans le trou duquel est placée une agate. Sur cette agate repose une fine pointe d'acier qui porte l'aiguille mobile. Le tout est suspendu de manière à ce que les mouvements du navire n'agissent point sur la boussole; une lumière placée au-dessous de la glace inférieure permet au timonier de consulter, la nuit, l'aiguille qui doit toujours lui servir de guide. Si, pendant la tempête, il s'écarte de sa route, cette aiguille fidèle l'en avertit; car, au milieu des terribles efforts du vent et des flots, elle se dirige immuablement vers le nord.

Vous voyez donc, mes enfants, qu'elle rend aux marins d'incomparables services, et que rien ne pourrait la remplacer. Elle est encore utile aux mineurs, à ceux qui explorent de vastes souterrains, ou qui voyagent dans les immenses plaines et les forêts du nouveau monde.

— Quel malheur, papa, qu'on ne puisse pas avoir, pour se guider dans toutes les phases de la vie, une boussole aussi sûre que celle du marin! dit Emile.

— Crois-tu réellement qu'il n'en existe pas? demanda M. Raymond.

— Comment! Emile, s'écria Jules, tu ne penses pas qu'avec un père comme le nôtre, nous n'avons pas besoin d'un autre guide?

— Jules a raison, papa. Il faut me pardonner, je ne suis qu'un étourdi.

— Je te pardonne d'autant plus volontiers, que je ne songeais guère à vous parler de moi. Il y a un autre guide qui ne manque jamais à l'homme, et qui jamais ne le trompe : c'est la crainte de Dieu. Consultez-la sans cesse, mes enfants; non moins infaillible que la boussole, elle vous montrera le chemin du devoir, de l'honneur, de la vertu, le seul qui puisse vous conduire au bonheur.

FIN.

TABLE.

FIN DE LA TABLE.

Rouen. — Imp. MÉGARD et Cᵉ, rue Saint-Hilaire, 136.

www.ingramcontent.com/pod-product-compliance
Lightning Source LLC
LaVergne TN
LVHW020558230826
846091LV00002B/522

* 9 7 8 2 0 1 9 1 3 3 9 4 8 *